植物学实验

（第二版）

主　编　刘　虹　金松恒

副主编　王永飞　刘　利　罗　充
　　　　周　浓　尚宏芹　夏　婧

编　委　刘　虹　中南民族大学
　　　　金松恒　浙江农林大学
　　　　王永飞　暨南大学
　　　　刘　利　辽东学院
　　　　罗　充　贵州师范大学
　　　　周　浓　重庆三峡学院
　　　　尚宏芹　菏泽学院
　　　　夏　婧　中南民族大学
　　　　韩世明　六盘水师范学院
　　　　李　璐　荆楚理工学院

华中科技大学出版社

中国·武汉

内 容 提 要

本书分为上、下两篇，共六部分。上篇介绍植物学基本实验技术及实验准备，包括光学显微镜及其操作技术、常用的植物制片技术、生物绘图技术以及植物学实验准备；下篇内容为23个植物学实验，包括17个基础验证性实验和6个综合开放性实验，分为植物形态结构与发育及植物分类学两部分。在实验材料的选择上，以南方植物为主，兼顾北方不同地区的部分植物。书后附有常见的高等植物名录。

本书适合生命科学类各专业植物学实验教学使用。

图书在版编目(CIP)数据

植物学实验/刘虹，金松恒主编．—2版．—武汉：华中科技大学出版社，2022.11
ISBN 978-7-5680-8774-2

Ⅰ.①植…　Ⅱ.①刘…　②金…　Ⅲ.①植物学-实验-高等学校-教材　Ⅳ.①Q94-33

中国版本图书馆CIP数据核字(2022)第178597号

植物学实验(第二版)　　刘　虹　金松恒　主编
Zhiwuxue Shiyan(Di-er Ban)

策划编辑：王新华
责任编辑：王新华
封面设计：原色设计
责任校对：刘　竣
责任监印：周治超
出版发行：华中科技大学出版社(中国·武汉)　　电话：(027)81321913
武汉市东湖新技术开发区华工科技园　　邮编：430223
录　　排：华中科技大学惠友文印中心
印　　刷：武汉开心印印刷有限公司
开　　本：787mm×1092mm　1/16
印　　张：8.5　插页：4
字　　数：235千字
版　　次：2022年11月第2版第1次印刷
定　　价：32.00元

普通高等学校"十四五"规划生命科学类创新型特色教材

编　委　会

普通高等学校"十四五"规划生命科学类创新型特色教材

作者所在院校

（排名不分先后）

北京理工大学
广西大学
广州大学
哈尔滨工业大学
华东师范大学
重庆邮电大学
滨州学院
河南师范大学
嘉兴学院
武汉轻工大学
长春工业大学
长治学院
常熟理工学院
大连大学
大连工业大学
大连海洋大学
大连民族大学
大庆师范学院
佛山科学技术学院
阜阳师范大学
广东第二师范学院
广东石油化工学院
广西师范大学
贵州师范大学
哈尔滨师范大学
合肥学院
河北大学
河北经贸大学
河北科技大学
河南科技大学
河南科技学院
河南农业大学
石河子大学
菏泽学院
贺州学院
黑龙江八一农垦大学
华中科技大学
南京工业大学
暨南大学
首都师范大学
湖北大学
湖北工业大学
湖北第二师范学院
湖北工程学院
湖北科技学院
湖北师范大学
汉江师范学院
湖南农业大学
湖南文理学院
华侨大学
武昌首义学院
淮北师范大学
淮阴工学院
黄冈师范学院
惠州学院
吉林农业科技学院
集美大学
济南大学
佳木斯大学
江汉大学
江苏大学
江西科技师范大学
荆楚理工学院
南京晓庄学院
辽东学院
锦州医科大学
聊城大学
聊城大学东昌学院
牡丹江师范学院
内蒙古民族大学
仲恺农业工程学院
宿州学院
云南大学
西北农林科技大学
中央民族大学
郑州大学
新疆大学
青岛科技大学
青岛农业大学
青岛农业大学海都学院
山西农业大学
陕西科技大学
陕西理工大学
上海海洋大学
塔里木大学
唐山师范学院
天津师范大学
天津医科大学
西北民族大学
北方民族大学
西南交通大学
新乡医学院
信阳师范学院
延安大学
盐城工学院
云南农业大学
肇庆学院
福建农林大学
浙江农林大学
浙江师范大学
浙江树人学院
浙江中医药大学
郑州轻工业大学
中国海洋大学
中南民族大学
重庆工商大学
重庆三峡学院
重庆文理学院
辽宁大学
燕山大学
临沂大学
山西医科大学
宁夏大学
重庆第二师范学院
齐鲁理工学院
六盘水师范学院
河西学院
广西贵港工业学院

第二版前言

植物学是生命科学类所有专业的一门基础课，也是与人们日常生活关系最密切的课程之一，学好植物学将终生受益。植物学是历史悠久的传统学科，人们的饮食健康、中医药保健、养生怡情、户外旅游乃至常见重大疾病的中医防治等，都离不开植物学的基础知识。

在华中科技大学出版社的大力支持下，我们于 2014 年出版了《植物学实验》教材，并于 2022 年修订再版。该实验教材同时也是张彦文、周浓主编的《植物学》的配套教材，内容分为上、下两篇，包括植物学基本实验技术与实验准备，植物细胞、组织、营养器官和生殖器官的形态结构，植物界各大类群特征及分类等。这些实验较好地涵盖了植物形态结构与发育和植物系统分类学的基本内容，着重培养学生的基本实验技能和独立工作能力，可对激发学生兴趣、培养动手能力起到积极的作用。

本书内容简明扼要，全书共收录 23 个实验，其中验证性实验是重要的基础实验，是必不可少的。除了验证课堂知识，我们还要求学生掌握植物学的基本研究方法，培养学生对植物界的基本观察和分析能力。因此，除收录了 17 个基础验证性实验外，还收录了 6 个综合开放性实验（实验 12、13、17、18、22、23）。无论哪一类实验，都要求学生掌握扎实的植物学基础知识和实验技能，具备较强的动手能力。因此，本教材将光学显微镜的操作和使用、徒手切片和临时装片、生物绘图以及实验准备等内容放在最前面。每个实验均配有与实验内容密切相关的图表，如形态解剖部分的横切面或纵切面图、分类学部分的植物彩图等，以此增强学生的感性认识，帮助学生更好地掌握实验要点，快速而准确地获得正确的实验结果。各学校可以根据自身的教学要求、实验条件及本地植物种类的特点，相应增减实验内容或选择其他当地更易获得的植物材料来完成实验，并对实验的顺序予以调整或合并。

本书第二版仍由刘虹、金松恒主编。编者是来自国内 9 所高等院校的植物学课程骨干教师。全书由刘虹负责统稿，夏婧和尚宏芹等审核。教材中部分文字内容及黑白插图借鉴了国内外相关教材和专著（详见参考文献），在此向这些文献的作者表示诚挚的谢意。本书植物分类学部分所用的彩图由刘虹、廖廓拍摄，书稿中的部分黑白图片由王永飞、刘虹等拍摄。

由于编者水平有限，本书难免有不妥之处，敬请大家批评指正，多提宝贵意见，以便修正。

编　者

2022 年 8 月

目录

上篇　植物学基本实验技术与实验准备

下篇　植物学实验

上 篇

植物学基本实验技术与实验准备

1 光学显微镜及其操作技术

1.1 光学显微镜的基本结构

通常使用的光学显微镜(图 1-1),其结构分为机械部分和光学部分。

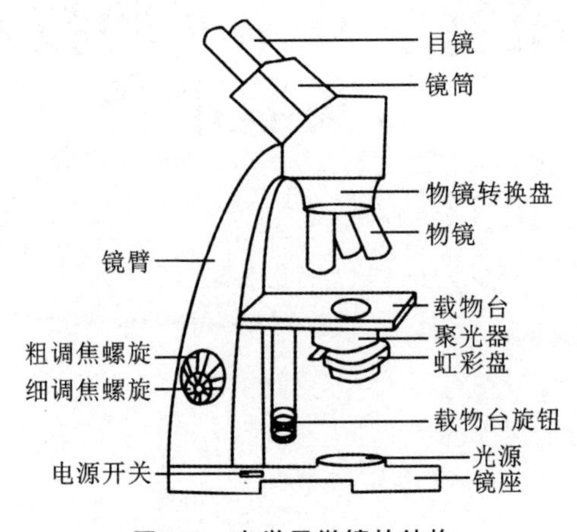

图 1-1 光学显微镜的结构

1. 机械部分

(1) 镜座:显微镜最下面的马蹄形部分,用来固定和支持镜体。

(2) 镜臂:取放或移动显微镜时手握的部位,一般呈弓形,也称执手。

(3) 载物台:位于显微镜中部,放置载玻片的方形或圆形平台。中央有一个圆孔,即通光孔,光线由此孔通过,台上两侧有用以固定制片的推进器。

(4) 镜筒:为一个金属圆筒,连接在镜臂上,下接物镜转换盘。

(5) 物镜转换盘:可以任意转动,上面安装有 3~4 个物镜,使用时根据需要可更换放大倍数不同的物镜。

(6) 调焦螺旋:装在镜臂下部两旁,通过转动,调节焦距,有大、小两对,大的叫粗调焦螺旋(粗调节螺旋),转动一周可使镜筒升降 10 mm,小的叫细调焦螺旋(细调节螺旋),每转动一周可使镜筒升降 1 mm。

(7) 眼距调节装置:为调节 2 个目镜之间距离的装置,紧邻目镜的下方,调节该装置可以使 2 个目镜之间的距离与人眼瞳距相符合。

2. 光学部分

(1) 目镜:装于镜筒上端,上面刻有号码,表示放大的倍数,如“10×”“16×”等,可根据需要选择使用不同的放大倍数，通常使用的为10倍目镜。

(2) 物镜：安装在物镜转换盘的螺旋孔上，一般有4个物镜，即低倍镜(4×、10×)、高倍镜(40×)、油镜(100×)，物镜下端的镜孔越小，放大的倍数越大。植物学实验一般不用油镜，多用低倍镜和高倍镜，一般先在低倍镜(4倍镜头或10倍镜头)下找到物体，并调焦观察清楚，再转换到高倍镜(40倍镜头)下仔细观察。

物镜上标注的数字表示镜头的主要性能参数。如10倍镜头上的数字"10/0.25"和"160/0.17"，它们的含义是："10"表示放大倍数，"0.25"表示镜口率(或称数值孔径，该数值越大则分辨率越高)；"160"为镜筒长度(mm)，"0.17"为所要求的盖玻片厚度。

(3) 聚光器：在载物台下，由透镜组成，可以聚集反光镜反射来的光线，照明玻片标本。

(4) 虹彩光圈(虹彩盘)：聚光器下装有虹彩光圈，推动其上的小柄可使光圈任意开大或任意缩小，以调节光线强弱。

(5) 光源：一般安装在镜座上，镜座上有开关和一个调节亮度的旋钮。旧式的显微镜没有附加光源，在它的镜座上有一个反光镜，用来控制自然光的方向和强弱。

1.2 光学显微镜的使用

1.2.1 光学显微镜的操作流程

1. 显微镜的放置

位置：镜座距实验台边缘3～4 cm。

要求：

(1)取、放显微镜时应右手握住镜臂，左手托住底座，忌单手拿显微镜；

(2) 镜检者姿势要端正，双眼同时睁开观察物像。

2. 低倍镜头的使用

(1) 接通电源，打开光源开关。

(2) 放玻片于载物台，用玻片夹夹住；调节标本移动螺旋，使观察的目的物处于物镜的正下方。

(3) 调节粗调焦螺旋，使物镜(10×)与标本靠近。注意：要注视物镜，防止物镜、载玻片碰撞。

(4) 睁开双眼向目镜里面观察。注意细调焦螺旋和聚光器的使用，以获得清晰的图像。

(5) 通过标本移动螺旋慢慢移动玻片，认真观察标本各部分。

(6) 寻找合适目标，仔细观察，并绘图或记录所观察到的结果。

3. 高倍镜头的使用

(1) 旋动物镜转换盘换高倍镜观察。

(2) 如果高倍镜触及载玻片，应立即停止旋动，这说明原来低倍镜的焦距并没有调准，目的物并没有真正找到，必须换用低倍镜重新调节。

(3) 如果高倍镜下观察目的物有点模糊，调节细调焦螺旋，直到视野清晰。

(4) 如果使用高倍镜仍未能看清目的物，可换用油镜观察。先用低倍镜和高倍镜检查标本片，将目的物移到视野正中央。

(5) 注意不要快速地下降镜头,不能用力过猛,以免损坏镜头及载玻片。

4. 油镜的使用

(1) 在载玻片上滴一滴香柏油。

(2) 将油镜头移至正中央,缓慢调节粗调焦螺旋使油镜头浸没在油中,刚好贴近载玻片。

(3) 再用细调焦螺旋微微向上调至能看清目的物为止。此时不要再动粗调焦螺旋。

5. 镜头的保养

(1) 油镜观察完毕,用擦镜纸将镜头上的油揩净,不要来回反复擦。

(2) 用擦镜纸蘸少许乙醇或乙醚揩拭镜头,再用 3～4 片擦镜纸揩干;低倍镜和高倍镜沾上异物后的保养同本步骤。

6. 实验结束

(1) 观察结束后,调节光源亮度到最小,再关掉电源开关,拔出电源插头。

(2) 再调节粗调焦螺旋,使载物台下降到最低。

(3) 取下玻片,用擦镜纸蘸取几滴乙醇或乙醚将镜头擦干净。

(4) 罩上防尘罩,然后放回原处。

(5) 在记录本上登记本次实验的时间、课程、实验名称、使用者姓名和显微镜是否完好等。

1.2.2 光学显微镜的合轴调节

对于光学显微镜的光学部分,在实验过程中应注意合轴调节。合轴调节又叫中心调节,也就是使目镜、物镜、聚光器的主光轴和可变光阑的中心点位于一条直线上。如果光轴不在一条直线上,会使相差增加,亮度降低,图像模糊。

合轴调节的方法:将可变光阑孔开至最大,把低倍物镜转入光轴(可听到“咔嚓”声,即为转入光轴),使物镜和载物台间的距离约为 5 mm,不放标本,调节反射镜的角度,使视场最亮,然后拔掉目镜,直接从镜筒中观察,一边把可变光阑孔慢慢缩小并多次打开。当可变光阑孔关至最小时,光阑孔的像只有一个亮点,这个亮点应正好落在物镜的通光孔的中心。当可变光阑孔开大到一定程度时,光阑孔的像应正好与物镜通光边缘的黑圈相重合。若符合上述两个条件,就说明它们合轴了。否则,还需要调整。由于目镜和物镜都是固定的,不能调节,主要调整聚光器的位置,有些显微镜的聚光器支架两旁有两个光轴校正螺丝,调整这两个螺丝,就能使它们合轴;有些显微镜聚光器是由框架上三个相隔 120°角的螺丝固定的,其中一个装有弹簧可以伸缩,另外两个可以旋动,调整这三个螺丝就可以使聚光器在水平面上移动位置,从而达到合轴。显微镜的光学部分合轴调节好后,如果没有卸载聚光器或其他特殊原因,不必经常校正。

1.2.3 光学显微镜操作注意事项

(1) 取镜:拿取显微镜时,必须一手紧握镜臂,另一手平托镜座,使镜体保持直立,轻轻放在实验桌距桌子边 3～4 cm 偏左的位置,然后检查镜体各部分是否完好。镜体上的灰尘可用软布擦拭。镜头应用擦镜纸擦拭,千万不要用手去摸镜头的透镜部分。不使用显微镜时,要将其用绸巾或纱布盖好。

(2) 对光:使用时,先将低倍镜头转到载物台的中央,正对通光孔。用左眼接近目镜观察,同时用手调节光源强弱,使镜内的光亮度适宜,镜内可见明亮的圆面。

(3) 放玻片：将载玻片放在载物台上，并使观察部分对准物镜，用压片夹或十字移动架固定载玻片。切记载玻片的反面不能沾有水，否则会与载物台黏合过紧而导致不能移动载玻片。

(4) 还镜：使用完毕后，先将镜筒提升，取下切片，把显微镜擦拭干净，各部分恢复原位，使低倍物镜（一般为 4 倍物镜）转至中央通光孔，然后将镜筒下降，降下载物台，将光强调至最弱，关掉电源开关，拔下电源插头，收好显微镜并罩上防尘罩，装入显微镜盒子中。

(5) 正确区别显微镜下的气泡和细胞结构。在载玻片上滴一滴稀胶水，用解剖针搅拌使其产生小的气泡，加盖玻片后在显微镜下观察。在显微镜下看到的气泡，其外围为一个黑圈，中间为明亮部分。应该记住气泡在显微镜下的形态，在以后的实验中，不要把气泡误认为细胞或组织中的结构。

(6) 其他注意事项：

① 任何旋钮转动有困难时，绝不能用力过大，而应查明原因，排除障碍。如果自己不能解决，要向指导老师说明，请求帮助；

② 保持显微镜镜头的清洁，尽量避免灰尘落到镜头上，否则容易磨损镜头；

③ 尽量避免试剂或溶液沾污或滴到显微镜上，这些都能损坏显微镜；

④ 高倍物镜很容易被染料或试剂沾污，如被沾污，应立即用擦镜纸擦拭干净，显微镜用过后，应用清洁棉布轻轻擦拭（不包括物镜和目镜镜头）；

⑤ 光学玻璃的硬度比一般玻璃的小，易于损伤，擦拭光学透镜时，只能用专用的擦镜纸，不能用棉花、棉布或其他物品擦拭，擦时要先将擦镜纸折叠为 2～4 折，从一个方向轻轻擦拭镜头，每擦一次，擦镜纸就要折叠一次。

1.3 常用光学显微镜的种类

1. 明视野显微镜

明视野显微镜(bright field microscope)是最通用的一种光学显微镜，即通常所说的普通光学显微镜。它利用光线照明，不对光的性质作任何改变，标本中各点依其光吸收的不同在明亮的背景中成像。它由物镜、目镜、聚光器、光源、载物台和支架等部件组成。其中聚光器用于调节显微镜的照明，物镜和目镜是放大微小物体成像的主要部件。一般未经染色处理的生物标本，由于对光线的吸收很少，造成反差低的影像，不利于明视野显微镜观察。使用染料对生物标本染色后增加了反差，这种染色后的生物标本成为明视野显微镜的主要观察对象。

2. 暗视野显微镜

暗视野显微镜(dark field microscope)是光学显微镜的一种，也叫超显微镜。暗视野显微镜的聚光器中央有挡光片，使照明光线不直接进入物镜，只允许被标本反射和衍射的光线进入物镜，因而视野的背景是黑的，物体的边缘是亮的。利用这种显微镜能见到小至 4～200 nm 的微粒，分辨率可比普通光学显微镜高 50 倍。暗视野显微镜的基本原理是丁铎尔效应。当一束光线透过黑暗的房间，从垂直于入射光的方向可以观察到空气里出现的一条光亮的灰尘“通路”，这种现象即丁铎尔效应。

3. 相差显微镜

相差显微镜是用于观察未染色标本的显微镜。活细胞和未经染色的生物标本，因细胞各部细微结构的折射率和厚度不同，光波通过时，波长和振幅并不发生变化，仅相位发生变化（振幅差），这种振幅差人眼无法观察。而相差显微镜通过改变这种相位差，并利用光的衍射和干涉现象，把相差变为振幅差来观察活细胞和未经染色的标本。相差显微镜和普通光学显微镜的区别：用环状光阑代替可变光阑，用带相板的物镜代替普通物镜，并带有一个合轴用的望远镜。

相差是指同一光线经过折射率不同的介质时其相位发生变化并产生的差异。相位指在某一时间上，光的波动所达到的位置。一般由于被检物体（如不染色的细胞）所能产生的相差太小，肉眼很难分辨，只有在变相差为振幅差（明暗差）之后才能被区分。相差取决于光波所通过介质的折射率之差及其厚度，等于折射率与厚度的乘积之差（即光程之差）。而相差显微镜就是利用被检物的光程之差进行镜检的。

4. 实体显微镜

实体显微镜又称“解剖镜”“体视显微镜”“立体显微镜”或“操作和解剖显微镜”，它是一种具有正像立体感的显微镜。实体显微镜的倍率变化是由改变中间镜组之间的距离而获得的，其总的光学放大倍数为 10～150。这类显微镜的放大倍数较小，可在较大的视野内观察标本，并且观察到的像为正像，与人眼的视觉效果相同，故被广泛地用于生物学各领域。

实体显微镜的机械部分由镜座、镜臂、镜筒、调焦螺旋等部分构成。其光学系统包括初级物镜、中间变焦镜、转换棱镜和目镜等。实体显微镜有两套目镜和一个大的物镜，目镜与物镜之间各有一组三棱镜，能使光路所形成的倒像转为正像，与实物一致，加上两眼可以同时观察，光源是落射光，所以实体感强，又可边解剖边观察，非常方便。根据应用的要求，实体显微镜还可增加荧光、照相、摄像、冷光源等功能。

5. 荧光显微镜

荧光显微镜（fluorescence microscope）以紫外线为光源，用以照射被检物体，使之发出荧光，然后在显微镜下观察物体的形状及其所在位置。荧光显微镜用于研究细胞内物质的吸收、运输、化学物质的分布及定位等。细胞中有些物质（如叶绿素等），受紫外线照射后可发荧光；还有一些物质本身虽不能发荧光，但用荧光染料或荧光抗体染色后，经紫外线照射也可发荧光。荧光显微镜就是对这类物质进行定性和定量研究的工具之一。

6. 激光共聚焦显微镜

激光共聚焦显微镜也称激光扫描共聚焦显微镜（confocal laser scanning microscope，CLSM）用激光做扫描光源，逐点、逐行、逐面快速扫描成像，扫描的激光与荧光收集共用一个物镜，物镜的焦点即扫描激光的聚焦点，也是瞬时成像的物点。系统经一次调焦，扫描限制在样品的一个平面内。调焦深度不一样时，就可以获得样品不同深度层次的图像，这些图像信息都储存于计算机内，通过计算机分析和模拟，就能显示细胞样品的立体结构。

激光共聚焦显微镜是近代最先进的细胞生物医学分析仪器之一。它是在荧光显微镜成像的基础上加装激光扫描装置，使用紫外光或可见光激光荧光探针，利用计算机进行图像处理，不仅可观察固定的细胞、组织切片，还可对活细胞的结构、分子、离子进行实时动态观察和检测。目前，激光扫描共聚焦显微技术已用于细胞形态定位、立体结构重组、动态变化过程等研究，并提供定量荧光测定、定量图像分析等实用研究手段，结合其他相关生物技术，在形态学、生理学、免疫学、遗传学等分子细胞生物学领域得到广泛应用。

1.4 显微测量技术

要利用显微镜进行显微测量，必须具有镜台测微尺和目镜测微尺。镜台测微尺是一个特制的载玻片，中央有 1 mm 长并均分为 100 格的刻度线。每一个小格就是 10 μm。

目镜测微尺是一个直径为 20～21 mm 的具有标尺的圆形玻片，可以放入目镜筒内。它的标尺有直线式和网格式。直线式的可以测量长度，网格式的可以测量数目和面积。

测量长度时，首先将目镜测微尺正面放入目镜筒中。然后将镜台测微尺置于载物台上，使镜台测微尺的标尺刻度清晰可见，移动镜台测微尺，使镜台测微尺的标尺刻度与目镜测微尺的标尺刻度重叠起来，选取二者刻度线正好完全重合的一段，计算重合线间的格数。

目镜测微尺的格值＝镜台测微尺两重合线间的格数×10 μm/目镜测微尺两重合线间的格数

如目镜测微尺的零点刻度和镜台测微尺的重合，目镜测微尺的第 50 格和镜台测微尺的第 65 格重合，此时镜台测微尺 65 格的长度是 650 μm，则目镜测微尺的格值是 650/50 μm＝13.5 μm。算出目镜测微尺的格值以后，就可以移去镜台测微尺，测量视野中物体的大小。如果细胞的宽度占目镜测微尺的 2 格，它的宽度就是 27 μm。

在显微测量过程中，当变换物镜或目镜的放大倍数时，必须重新校正目镜测微尺的格值，然后进行测量。

1.5　光学显微镜的性能指标

光学显微镜的主要性能包括分辨率、数值孔径、放大率和有效放大率、焦深、视场直径、覆盖差、工作距离等。

1. 分辨率

分辨率是能够区分的相近两点间的最小距离。能区分的两点间的距离越小，显微镜的分辨率越高。显微镜分辨率的公式：

$$R=0.61\lambda/(n\sin\alpha)$$

式中：R 是分辨率；λ 是光波波长；n 是物镜和被检物质之间介质的折射率；α 为透镜角孔径，它是光轴上标本的一个点发出的光线和物镜直径两端形成的夹角的一半。

2. 数值孔径

数值孔径（numerical aperture，NA）也称为物镜的镜口率，是物镜框口能够纳进的光通量的大小。数值孔径等于 $n\sin\alpha$，它是物镜和聚光器的主要参数，一般标在物镜的外壳上。数值孔径越大，物镜的分辨率越高。干燥物镜的数值孔径为 0.05～0.95，油（香柏油）浸物镜的数值孔径为 1.25。数值孔径与分辨率成正比，与放大率成正比，与焦深成反比。数值孔径增大，视场直径与工作距离都会相应地变小。

3. 放大率和有效放大率

放大率也称放大倍数，是指最终成像的大小与原物体大小的比值。显微镜的放大倍数等于目镜放大倍数和物镜放大倍数的乘积。显微镜放大倍数的极限就是有效放大率。物体最后被放大的倍数为目镜和物镜二者放大倍数的乘积。理论上显微镜的最大放大倍数可以达到 2000 多，但是目前不仅由于受分辨率的限制，还由于制造工艺水平的限制，最好的显微镜的最高有效放大倍数，只能达到 1000 左右。因此，有时说一架显微镜可以放大 2000 倍，这只不过是说能够“放大”而已，并不能说明它的清晰程度增大，也许只能看见一个放大的模糊图像。

4. 焦深

当焦点对准物体的某一点时,位于该点平面上的各点可以看清楚,而且此平面的上下一定厚度内的各点也可以看清楚。这个清晰部分的厚度就是焦点深度,简称焦深。焦深与放大倍数和数值孔径成反比。因此,当放大倍数更高时,看到的厚度更薄。

5. 视场直径

视场直径也称视场宽度,是指在显微镜下看到明亮圆形视场内所能容纳被检物体的实际范围。它的大小是由目镜的视场光阑决定的。视场直径愈大,愈便于观察。

视场直径=目镜视场数/物镜倍率

6. 覆盖差

由于盖玻片的厚度不标准,光线从盖玻片进入空气产生折射后的光路发生了改变,从而产生了相差,这就是覆盖差。国际上规定,盖玻片的标准厚度为0.17 mm,许可范围为0.16~0.18 mm,在物镜的制造上已将此厚度范围的相差计算在内。物镜外壳上标的“0.17”,即表明该物镜所要求的盖玻片的厚度。

7. 工作距离

工作距离(WD)也叫物距,指物镜前透镜的表面与被检物体之间的距离。

显微镜放大的倍数是由目镜、物镜和镜筒的长度所决定的。镜筒长度一般为160 mm。常用的显微镜,其物镜与目镜上都刻有放大倍数。一般物镜越长,目镜越短,放大倍数越高。

2 常用的植物制片技术

制片是观察植物内部形态结构的主要方法之一，植物学实验常用的制片技术有临时封片、徒手切片、石蜡切片、整体封固制片、组织离析制片、分生组织压片和植物材料整体透明技术等七种。根据植物材料的大小和厚薄等特征，可以采用不同的植物制片技术。

2.1 临时封片和徒手切片

2.1.1 临时封片

临时封片可以用于临时观察新鲜的植物材料，制片快速而简单，尤其适合观察活体材料。

制作临时封片的基本方法如下。

(1) 准备好载玻片、盖玻片，擦拭时要小心，避免弄碎玻片或者留手印在玻片上。

(2) 在载玻片中央滴一滴蒸馏水(不作无菌要求时可用自来水)，用镊子或解剖针挑取植物材料置于水滴上，并使材料展开或分散均匀，充分浸润水分，同时要避免产生气泡。

(3) 盖上盖玻片。方法是用镊子夹住盖玻片的一边，另一边用解剖针抵住，并与水滴的边缘接触，然后慢慢放下盖玻片，这样可以避免混入气泡。如盖玻片水分不足，可在盖玻片一侧边缘适量添加水分；如果水分过多，可以用吸水纸吸掉多余的水。如果制作的材料较薄，可以适当调整显微镜光圈，增大反差，以便观察清楚。

常用的临时封片方法有涂抹法和撕片法。此外，还有指甲油印迹法。

(1) 涂抹法适合观察极小的植物体或组织，如细菌、酵母、花粉、淀粉、晶体等。首先用解剖针挑取或用解剖刀刮取材料置于载玻片上，然后用解剖针均匀涂成一薄层，加入一滴清水，盖上盖玻片即可观察。

(2) 撕片法适用于植物的肉质化茎、叶，它们的表皮容易撕下来，如洋葱鳞茎、蚕豆叶等。具体过程：用手或镊子撕下洋葱鳞茎向内的表皮，剪成 3.0～5.0 mm 的小片，迅速移到载玻片上已滴好的水滴中(注意表皮的外面应朝上)，并用解剖针和镊子将表皮展开，盖上盖玻片即可观察。

(3) 对于不容易撕下来的表皮可以采用指甲油印迹法来观察。采用指甲油印迹法可以观察植物干燥叶片的表皮结构或者不容易撕下来的植物叶片表皮。将指甲油薄薄地涂在叶片的表皮上，让其自然干燥，一般 5 min 左右，然后用镊子撕下指甲油薄片，放在载玻片上的水滴上，盖上盖玻片，进行观察。

2.1.2 徒手切片

1. 徒手切片的工具和材料

徒手切片的工具包括双面刀片、培养皿、载玻片和盖玻片、毛笔、解剖针、镊子等。选择质量好的刀片对获得高质量的切片非常重要,培养皿用来盛水。实验材料则要有代表性,软硬适中,便于切片。

2. 徒手切片的方法和过程

对于具有一定厚度的植物材料,又不容易撕下来的部位,可以采用徒手切片法来临时观察,其操作如下。

(1) 将植物材料切成 0.5 cm×0.5 cm×(1.0～2.0) cm 的长方条。如果是叶片,则把叶片切成 0.5 cm 宽的窄条,夹在胡萝卜(或者土豆、萝卜)等长方条的切口内。

(2) 取上述一个长方条用左手的拇指和食指拿着,使长方条上端露出 1.0～2.0 mm 长,并以无名指顶住材料。用右手拿着刀片的一端。

(3) 在材料上端和刀刃上先蘸些水,并使材料呈直立方向,刀片呈水平方向,自外向内把材料上端切去少许,使切口成光滑的断面,并在切口蘸水,接着按同法把材料切成极薄的薄片(愈薄愈好)。切时要用臂力,不要用腕力及指力,由左前方向右后方拉切;拉切的速度宜较快,不要中途停顿。把切下的切片用小镊子或解剖针拨入表面皿的清水中。切时材料的切面经常蘸水,起润滑作用。

初切时必须反复练习,并多切一些,从中选取最好的薄片进行装片观察。

如需染色,可把薄片放入盛有染液的培养皿内,染色约 1 min,轻轻取出放入另一个盛清水的培养皿内漂洗,即可装片观察。也可以在载玻片上直接染色,即先把薄片放在载玻片上,滴一滴染液。约 1 min 后,倾去染液,再滴几滴清水,稍微摇动,再把清水倾去,然后再滴一滴清水,盖上盖玻片,便可镜检。

2.2 石蜡切片

石蜡切片是一项传统的生物制片技术,已有 100 多年的历史。其操作是将植物材料包埋在石蜡中,用石蜡切片机连续切片,将材料切成 2～4 μm 厚的薄片。石蜡切片的制作一般需要一周左右的时间。

2.2.1 石蜡切片所需的药品和仪器

1. 石蜡切片所需的药品

(1) 固定剂:用于植物材料固定所需的药品,通常有乙醇、福尔马林(38%甲醛溶液)、冰醋酸、苦味酸、铬酸、重铬酸钾、氯化汞、氯仿、锇酸等。

(2) 脱水剂:常用不同浓度的乙醇来脱水。

(3) 透明剂:常使用二甲苯。

(4) 包埋剂:常使用石蜡。

(5) 粘片剂:明胶。

（6）封固剂：加拿大树胶。

2. 石蜡切片所需的仪器及用具

仪器及用具：①切片机、恒温箱、恒温台、染色缸、烧杯；②玻璃棒、毛笔、载玻片、盖玻片等。

2.2.2 石蜡切片的主要步骤

1. 取材

根据研究的目的决定取材的部位。取材时要考虑切片的方向和定位。如植物的根、茎、叶横切可观察到整体结构，纵切可观察导管和筛管结构；花药常用横切；子房横切可观察胎座的着生位置、胚珠的着生方式等。

2. 固定

取新鲜材料，固定在固定液中（配方参见“4.3 植物学实验常用试剂的配制”）。常用的固定剂包括FAA固定液、卡诺固定液等，固定液的体积一般为固定材料体积的10～15倍。材料长度一般不超过1 cm，直径在0.5 cm以下。如果材料较大或者通气组织较多，一般还需要抽气，以加速固定液的渗入。

3. 脱水

乙醇是石蜡切片最常用的脱水剂，其脱水能力比较强，又可与水以任何比例相混合，还可以硬化组织。需要注意的是，以乙醇作为脱水剂时，应该从较低浓度开始，逐渐增高其浓度，这样可以避免组织快速收缩而发生变形。常规可以从70％乙醇开始，经80％、90％、95％至无水乙醇。脱水时间根据材料大小而定，如材料小于2 mm^3时，每级脱水1～3 h。

4. 透明

由于常用的脱水剂乙醇不能与石蜡混溶，因此必须使用一种既能与乙醇又能与石蜡相混溶的媒介，把组织中的乙醇取代出来，二甲苯就是这样一种媒介，能与二者相混溶。使用二甲苯替代乙醇时，可发现组织材料的折光性改变，呈透明状态，因此二甲苯又称为透明剂。透明时间的长短因组织的大小而异，最好先投入乙醇和二甲苯等量混合溶液30 min以上，再投入纯二甲苯，并更换一次纯二甲苯，待组织完全透明后进行浸蜡。

5. 浸蜡

组织材料经二甲苯透明作用之后，移入熔化的石蜡内浸渍，石蜡逐渐进入组织间隙。

浸蜡需要根据所用石蜡的熔点来定，在恒温箱内进行，一般需要在45～60 ℃的恒温箱内放置24 h以上，并需要更换石蜡2次。

6. 包埋

将已经浸蜡的材料从蜡浴取出，置于充满熔融状态石蜡的纸盒内或包埋板内，使材料和包埋剂融为一体并迅速冷却，这个过程称为包埋。

7. 修块和切片

对于迅速冷却后内含材料的包埋板，首先要将包埋的材料分割成块，每块含一个植物样品。取一个分割好的石蜡块，将材料贴在事先准备好的木块上，这样便于修块和切片。蜡块修整的目的是将包埋的材料暴露于蜡块上表面，修整蜡块时只能一点一点地切掉蜡边，否则会使蜡块断裂露出组织。最终修好的蜡块应为基座较宽、上部较狭窄的梯形。

将修好的蜡块固定于切片机头上的夹座内，调整到稍微离开切片刀能够切到的位置上，要注意不要误伤或损坏材料。接下来是对刀，使材料接近刀口，使蜡块组织切面与切片刀口平行，要仔细调整蜡块组织切面使其恰好与刀口接触，然后旋紧刀架，固定好机头，先粗修切片，然后连续切片,用右手转动切片机手轮,左手用毛笔托起蜡片协调地进行切片操作。切下的蜡带用镊子和毛笔轻轻拉直展开,按照次序平铺于蜡片盒中保存。

8. 粘片

粘片即将切好的蜡带粘贴到载玻片上的过程。首先将预洗干净并干燥的载玻片涂上明胶粘贴剂,反复涂匀,将载玻片置于 43 ℃恒温台上,在载玻片上添加水。用镊子截取部分蜡带,夹住蜡带的一边,将蜡带铺于载玻片恒温水中,注意蜡带光亮的一面应朝下,立即用毛笔轻轻拉展开,以切片无皱褶为最好。待切片在恒温水内充分摊开展平以后,将载玻片上多余的水吸去,在载玻片上仍有少量水时,用毛笔拨正切片位置。用铅笔在载玻片一端的毛玻璃上写上标本编号。然后置于45 ℃恒温箱中干燥 2 d,使蜡带与载玻片结合牢固。或置于 60 ℃恒温箱中干燥 2 h,蛋白质凝固后即可进行染色。

9. 脱蜡与染色

脱蜡是将切片上的石蜡溶解去掉,以便对材料进行染色,染色是使不同组织或细胞不同部位着色,产生不同的折射率,使内部结构更清晰,便于观察。

脱蜡步骤:将切片置于二甲苯中经二甲苯Ⅰ、二甲苯Ⅱ、二甲苯Ⅲ三次脱蜡,每次5 min,可将切片上的石蜡彻底脱除。

过渡:二甲苯与无水乙醇 1∶1 混合液,5 min。

复水:无水乙醇Ⅰ、无水乙醇Ⅱ、95%乙醇、85%乙醇、70%乙醇、50%乙醇、蒸馏水,每步5 min。

如果材料没有颜色,可以在脱蜡后进行染色,然后经脱水、透明、封片进行观察。

番红染色:置于 0.5%~1%番红水溶液中染色 2~24 h。

脱水:依次用 30%、50%、70%的乙醇脱水,每步 5 min。

固绿复染:用 0.1%固绿的 95%乙醇溶液染色 10~40 s。

继续脱水:用 95%乙醇洗去多余染液,再用无水乙醇脱水 5 min;用无水乙醇和二甲苯混合液处理 5 min,用分析纯二甲苯透明处理 5 min。

10. 封片

切片需要用盖玻片封固后方能进行观察,石蜡切片常用中性树胶、加拿大树胶、大马树胶及人工树脂等封片。其中中性树胶是很好的封固剂,其折射率为 1.52,与玻璃的折射率相同,很薄的一层时几乎完全透明。配制中性树胶可用二甲苯调和至刚形成拉滴状,放到玻璃瓶中备用,封固时取一滴中性树胶滴在材料上,封固后的切片可在 45 ℃的恒温箱中过夜干燥。

2.3 整体封固制片

整体封固制片适合于植物体形小而扁平的材料。如丝状或叶状的藻类、蕨类植物的原叶体、孢子囊,苔藓植物的原丝体、芽体、茎叶体等。整体封固也适用于种子植物的叶表皮、花粉粒、幼胚等器官的制片。其特点是不需要经过切片,就可以在显微镜下直接观察植物材料。整体封固法因所用的脱水剂、透明剂、封固剂不同而有多种具体方法。

2.3.1 常规整体封固法

这里以蕨类植物配子体为例,介绍常规整体封片技术。收集蕨类植物不同阶段的配子体,置于 FAA 固定液中固定数小时，然后放入 70%乙醇中保存备用。也可收集新鲜的配子体材料，置于 1%番红水溶液中 1 h，然后乙醇系列脱水（30%、50%、70%、85%），85%乙醇脱水后放入固绿中染色几秒钟，继续乙醇脱水（95%、100%），每级 1～2 min，脱水后放入二甲苯中透明，最后用加拿大树胶封片。

2.3.2　甘油整体封固法

甘油整体封固法利用甘油脱水和透明，将材料封固于甘油中，操作简单并可保持植物的自然色泽。对于制作含有色素的材料（如绿藻）效果较好，必要时还可进行染色。这里以藻类植物水绵为例，分别介绍不染色和染色的整体封固制片技术。

1. 不染色的封片

（1）材料收集和处理：采集新鲜水绵，取水绵丝状体放在培养皿中，加 10%甘油，盖上滤纸以防灰尘降落于其上，把培养皿置于较温暖的地方，让它慢慢蒸发至不含水分，这样甘油就逐渐取代材料中的水分，最终使材料透明。

（2）装片制作和封固：用镊子取少许透明好的水绵，放在载玻片中央，将材料展开，在显微镜下镜检，如果材料无收缩或变质，可以继续进行封固操作，即在材料上滴加一小滴纯甘油，将丝状体分散开，盖上盖玻片。封片时如果甘油多到从盖玻片边缘溢出，则会影响下一步封固，此时可将盖玻片移开，用滴管将多余的甘油吸掉，重新加盖玻片，最后用较稠的加拿大树胶沿盖玻片四周封边。

2. 染色的封片

（1）采集新鲜水绵置于离心管中，加入铬酸-醋酸弱固定液固定 12～24 h。

（2）将材料放在培养皿中，用自来水冲洗 5～6 次，然后用蒸馏水洗一次。

（3）把材料移入离心管中，加 1%曙红水溶液染色约 12 h，或用铁矾-苏木精染色。

（4）用蒸馏水把多余的染料洗去，在显微镜下观察。如果染色不够，可重复染色；如果染色过度，则可放在 1%～2%醋酸溶液中分色至合适的程度。

（5）将材料放在培养皿中，加 10%甘油，盖上滤纸，按照前述方法进行装片和封固。

甘油操作时要注意：①材料不宜放在温度过高的地方，否则水分蒸发速度太快，导致材料收缩；②加入 10%甘油的体积不能少于材料体积的 10 倍，这样在蒸发至不含水分时仍能保证甘油浸润材料；③封片时，不宜放置太多材料，并注意将丝状体分开，避免材料重叠，影响观察效果。

3. 甘油冻胶封固

对于不易收缩的材料（如植物花粉粒），制片时可用此方法。其特点是操作方便，易于制片，方法是把配好的甘油冻胶用热水浴使之熔化，在载玻片上滴加一滴甘油冻胶，用镊子取下花的雄蕊，把少量花粉粒撒在甘油冻胶上，然后加盖玻片封固。如果对观察效果不满意，还可以把制作好的封片在酒精灯上微热，使甘油冻胶熔化，用手轻轻移动盖玻片，使花粉粒在冻胶中转动，这样更容易观察到花粉粒的不同面的形态。

2.4　组织离析制片

组织离析制片是使用化学药剂溶解胞间层，获得分散、单个细胞的形态特征，便于在显微镜下进行观察。常用的离析方法如下。

2.4.1 铬酸-硝酸离析法

此法最为常用,适用于木质化的组织,如导管、管胞、纤维、石细胞的离析,具体步骤如下。

将植物材料切成火柴杆粗细、长约 1 cm 的小段,置于小玻璃瓶中。加入离析液,其量为材料的 10~20 倍,盖紧瓶塞,放在约 40 ℃的恒温箱中,视材料不同,处理时间为 0.5~2 d。草本植物离析时可不必加热。

在离析的过程中,可取出少许材料,放在载玻片上的水滴中,加盖玻片,轻轻敲压。若材料分离,表明浸渍时间已够;如果材料没有分散,可更换新的离析液处理至合适的程度。

倒去离析液,用清水浸洗已离析好的材料,直至没有黄色为止,转移至 70%乙醇中保存备用。需要时,可按照临时装片制片观察,也可制成永久性的玻片标本。

2.4.2 盐酸-草酸铵离析法

如果是草本植物和木质化程度低的材料,可以采用盐酸-草酸铵离析液离析。此法可用于薄壁组织离析,较前面的方法缓和,适用于叶肉细胞等的离析。方法是先把材料切成火柴杆粗细、长约 1 cm 的小条,放入 70%或 90%乙醇(3 份)和浓盐酸(1 份)的离析液中,若材料中有空气,应抽气,然后更换一次离析液。25 min 后用水清洗干净。放入 0.5%草酸铵水溶液中,时间的长短视材料的性质而定,可以每隔 1~2 d 检查一次,看材料是否容易分散,如材料没有分散,可更换新的离析液处理至适合的程度。

2.5 分生组织压片

压片法是将植物的分生组织器官(如根尖、茎尖、减数分裂时期的花药等),经过组织离析后,使细胞相互分开,然后将材料染色,压在载玻片上,使组织成一薄层,然后进行观察的制片方法。压制的标本可用于临时观察,也可以经过脱水、透明等处理制成永久的玻片标本。

压片法主要用于有丝分裂和减数分裂时期染色体数目的检查,还适用于幼嫩组织中细胞的观察,如根尖、茎尖生长点的细胞有丝分裂及花粉母细胞染色体等。

下面以根尖为例,介绍其步骤:取发芽种子的根尖部分(约 0.5 cm),立即投入浓盐酸和 95%乙醇(1∶1)的混合液中,10 min 后,用镊子将材料取出放入蒸馏水中,将洗净的根尖切取顶端(生长点部分)1~2 mm,置于载玻片上,加一滴醋酸洋红液染色 5~10 min,盖上盖玻片,将一小块吸水纸放在盖玻片上,用右手拇指在吸水纸上对准根尖部分轻轻挤压,将根压成均匀薄层。用力要适当,不能将根尖压烂,并且在用力过程中不要移动盖玻片。

2.6 植物材料整体透明技术

植物材料整体透明技术是使用透明剂将植物材料变透明,以显示其内部结构的技术。植物组织或器官经过透明剂处理后,透光性增加,因不同组织的厚度和折射率的不同而呈现出不同的形态。整体透明技术常用于侧根的形成，柱头中花粉的萌发、受精作用和胚胎发育的研究。

目前常用的透明剂有3种：强碱（NaOH或KOH）、冬青油（水杨酸甲酯）和甘油。除了以上透明剂外，还有乳酸-苯酚、水合氯醛、二甲苯、氯仿、丁香油、香柏油和苯胺油等透明剂。强碱溶液适用于稍大或稍硬的材料，其他则适用于较小而柔软的材料。

如何选择适合的透明剂和透明时间，需根据植物的器官性质和透明后所要观察的结构等进行摸索。整体透明技术作为一种快速制样与观察的手段，还可大大减少切片技术所需的人力和物力。但整体透明技术观察胚珠发育也有其不足之处，不染色的材料不能达到理想的观察效果。此外，还需要观察者有一定的生殖过程的观察经验和知识积累等。因此，在需要研究某个特定时期的细微结构时，将经过整体透明后的材料制作成石蜡切片或半薄切片再进行观察，可大大提高研究的效率和准确度。

3 生物绘图技术

当观察植物形态构造时，常常需要绘图。绘图时可以采用手工绘制的方法，也可以采用计算机绘制的方法。不管采用什么方法，绘出的图要清楚，并正确地表示出形态构造的特点。生物绘图是形象描述生物外部形态和内部结构的一种重要的科学记录方法，通常用点线图的形式来描绘。生物绘图具有3个基本特征：首先，生物绘图要具有科学性，能真实地反映生物的形态结构，不能缺失应具备的结构；其次，比例要正确，各种器官的长短和大小一定要按照实物的比例进行绘制，避免出现比例失调的现象；最后，层次要分明，能正确地反映各个部位的明亮程度、颜色深浅或质地的疏密程度等。

3.1 手工绘图

手工绘图要用黑色硬铅笔，不要用软铅笔或有色铅笔，一般用2H铅笔为宜。

手工绘图的步骤如下。

1. 细心观察

绘图前要对有关的对象（植物细胞、组织、器官或外形等）进行细致的观察，对各部分的位置、比例、特征等有完整的认识，充分利用所学的理论知识，能将正常的结构与偶然的、人为造成的假象区分开。

2. 起稿（勾画轮廓）

勾画轮廓的过程中，要根据绘图纸的大小、绘图的数量，确定某个图在纸上的位置和大小，注意整体布局，避免图像过大、过小或偏斜。图的大小及在纸上分布的位置要适当，一般画在靠近中央稍偏左位置，并向右方引出注明各部分名称的线条，要注意留有引线和注字的位置。将绘图纸放在显微镜的右侧，左眼观察显微镜图像，右眼看绘图纸绘图。先用铅笔绘草图，确定观察对象的轮廓和结构。

画图时先用轻淡小点或轻淡线条画出轮廓，再依照轮廓一笔画出与物像相符的线条。线条要清晰，比例要准确。较长的线条要向顺手的方向运笔，或把纸转动再画。同一线条粗细相同，中间不要有断线或开叉痕迹，也不要涂抹线条。

3. 定稿（落实整形）

定稿是对草图进行修正和补充，用硬铅笔将全图绘出。要求用点线图表示生物的形态和结构，要求用线条表示轮廓和各部分的界限，线条要均匀、光滑，不可时粗时细，不可时深时浅或时虚时实。用圆点表示所观察各部位的明暗或颜色深浅，点密表示背光、凹陷或色彩重的部位，点疏表示向光、突出或色彩轻的部位。打点的方法是铅笔垂直向下打点，切忌采用艺术画的方法绘图。

4. 标注名称

标注名称是用直线指示要标注的部位，标注相应的名称，一般直接标注，即直接写出各部分名称。引线时要注意：① 指示的部位要典型，具有代表性；② 指示线多用直线，要尽量引向图的右侧；③ 要尽量避免指示线的迂回、交叉，以免混淆各部分结构。

5. 核实绘图内容

用橡皮把轮廓线、虚线等轻轻擦掉，用纱布或脱脂棉除去碎屑，保持画面整洁。最后在图的下方写出本图的名称。

生物绘图还需要注意以下四点：

（1）图示要与观察相符，要求实物图而不是漂亮的刻意美化图（细胞大小、形态等基本与观察视野一致，圆形视野）；

（2）图应有大标题，局部还要有箭头指示内容物的名称；

（3）注意放大倍数的标注，如目镜 10 倍、物镜 40 倍，应该表示为 10×40；

（4）不需要着色。

3.2 计算机绘图

计算机绘图可以采用 Freehand 软件，也可以采用 CorelDRAW、Adobe Illustrator CS6 等软件。这些软件绘制出的线条和点可以任意移动，十分容易修改，而且加上复制、粘贴、旋转、组合等命令，使用这 3 个软件可以更快速地绘出高分辨率的图像。线条的粗细和颜色可以任意选择，绘制出的图像可以是彩色的。这更增添了图像的吸引力。这些软件都可以在网上搜索到，下载安装到计算机上就可以使用。下面分别介绍使用这 3 个软件绘制单个细胞的过程。

3.2.1 使用 Freehand 软件进行计算机绘图

首先新建文件，在 A4 纸张上绘制。

对于直线条，使用 Freehand 软件工具窗口中的直线工具（ ）绘制；细胞拐角处采用弧线工具（ ）绘制；所有的线条，在选定后（变成蓝色），用鼠标左键拉动，可以任意移动，点击顶点，鼠标左键拉着可以变长和缩短，修改十分方便。选定线条的方法是用鼠标左键点击该线条，然后点击工具窗口中的指针工具（ ），这样就可以选定目标线条。

绘制点时，如果要绘制不规则的点，可以使用铅笔工具（ ）绘制直线或曲线，然后选定此直线或者曲线，在右侧的属性窗口的对象菜单中（图 3-1），选择笔触，点击“不带破折号”一行的右侧的箭头，打开下拉菜单（图 3-2）。

在这个下拉菜单中，选择合适的点线，用鼠标左键单击，所画的直线或曲线就变成不规则点的形式。通过这种方式绘制多条点线，就可以绘制出不同密度的点。

此外，植物成熟的细胞中央往往有一个大液泡。在给大液泡内打点时，由于虚线点之间的距离不能调整，此时可以采用文本工具，输入英文状态下的句号，调节它的大小和间距，就可以绘出密度十分稀的点来。

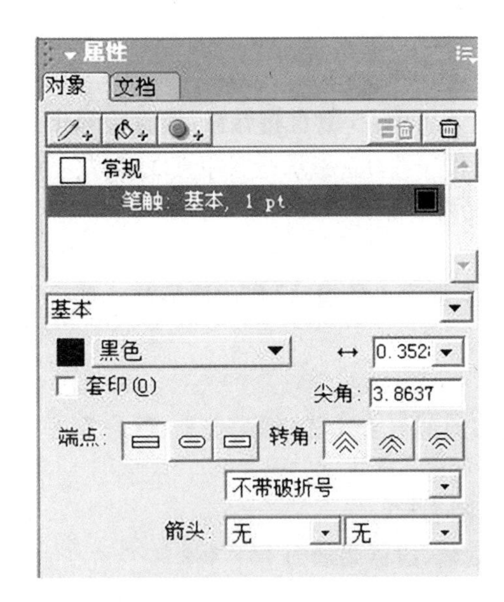

图 3-1　属性窗口对象的下拉菜单

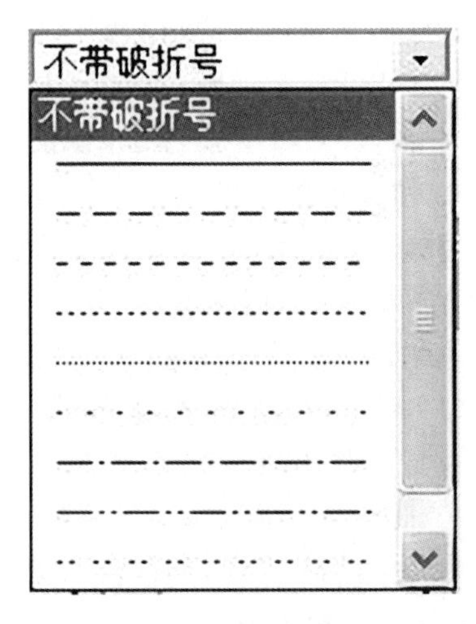

图 3-2　Freehand 选择线的格式

绘制椭圆时，点击工具窗口中的椭圆工具(　)，按住鼠标左键一拉就可以绘出一个椭圆，此时椭圆为蓝色，四周外围有 4 个点。然后点击指针(　)，将鼠标放在椭圆的线上，点击鼠标左键，拉着可以任意移动。鼠标左键点击四周的 4 个点中任意一个，拉着移动，可以调节椭圆的形状。

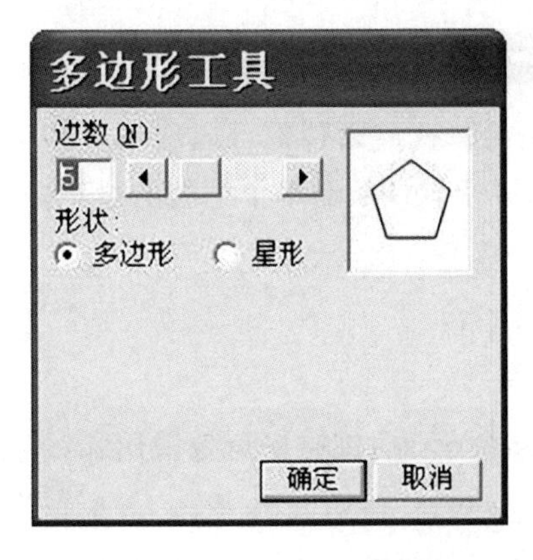

图 3-3　多边形工具窗口

生物图中很多细胞是多边形等形状。点击工具窗口中的多边形工具(　)。用鼠标左键在这个多边形工具上双击就可以弹出一个多边形工具窗口(图 3-3)。在这个窗口中可以设置多边形的边的条数，点击确定就可以完成。

按住鼠标左键一拉，就可以绘出一个多边形，此时多边形为蓝色，四周外围有 4 个点。然后点击指针(　)，鼠标放在多边形外周的任何一个顶点上，点击鼠标左键拉着移动，可以任意改变多边形的形状。选定多边形后，用鼠标点击任何一条线，就可以任意改变多边形的位置。当需要绘制厚壁细胞(如纤维细胞)时，可以调节笔触使线变粗，这样就可以绘出厚壁细胞。

绘制完成后，图片中的文字标注使用 Freehand 软件工具窗口中的文本工具(A)进行添加。然后，在图的下方增加图的说明。

当绘图和标注全部完成后，还要进行分辨率的调整。首先打开文件的下拉菜单，点击导出(图 3-4)，弹出如图 3-5 所示的窗口。

在这个窗口上，可以选择保存的位置、保存的文件名、保存文件的格式和分辨率。点击按钮设置，弹出位图导出默认设置窗口(图 3-6)，在“分辨率”一行，选择分辨率为 350，点击确定，回到图 3-5 所示的窗口，继续点击保存，就可以保存成想要的格式。图 3-7 就是用 Freehand 软件绘制的洋葱鳞茎的内表皮细胞结构图。

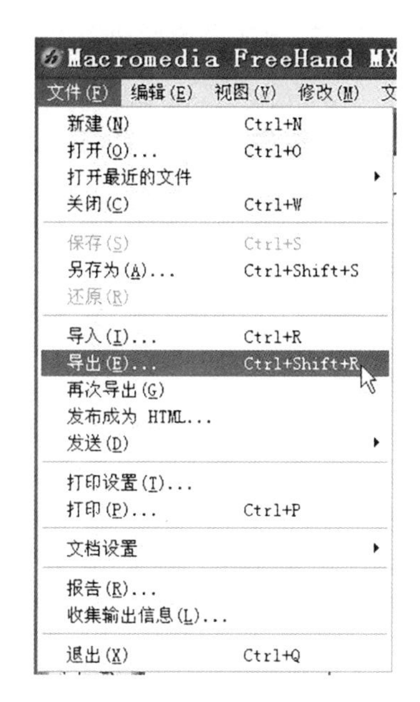

图 3-4 Freehand 文件的导出(一)

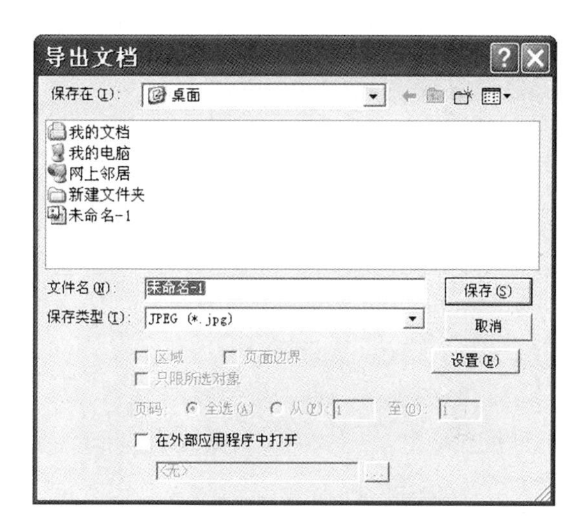

图 3-5 Freehand 文件的导出(二)

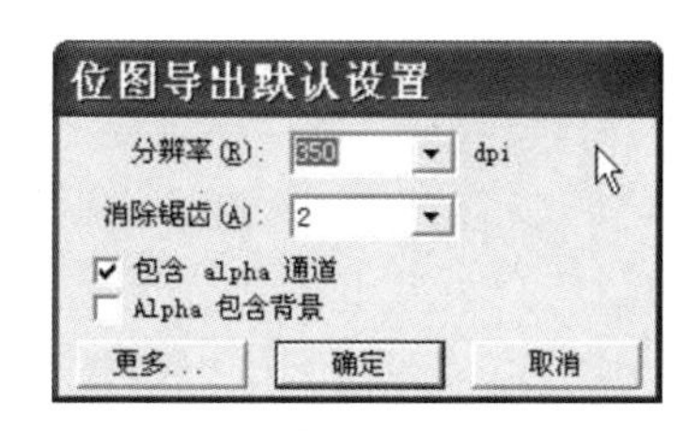

图 3-6 Freehand 文件的导出(三)

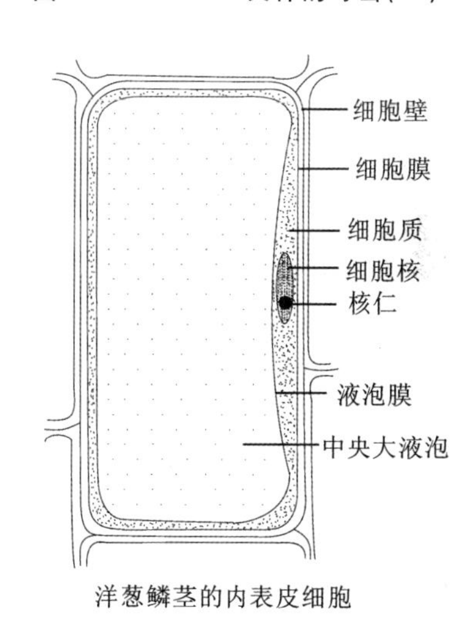

图 3-7 利用 Freehand 软件绘制的洋葱鳞茎的内表皮细胞结构图

3.2.2 使用 CorelDRAW 软件进行计算机绘图

植物细胞的图片一般由点、直线、弧线、不规则图形、椭圆、圆、文字标注等构成。只需掌握如何绘制这些基本图形就可以进行绘制。下面以绘制一个细胞为例，说明绘制这些基本图形的全部过程。只要会绘制一个细胞，就可以采用复制、粘贴、旋转等命令绘制出成千上万个细胞。

1. 新建文件

首先要新建一个文件。双击打开 CorelDRAW 软件，点击新建文件命名，弹出图 3-8 所示的窗口，在这个窗口上首先命名文件，一般用 1-1，1-2，…来命名。选择渲染分辨率为 300，点击“确定”按钮。进入工作窗口,如图 3-9 所示。在这个窗口可以在椭圆框内选择视图大小的百分比,调整到合适的绘图大小。

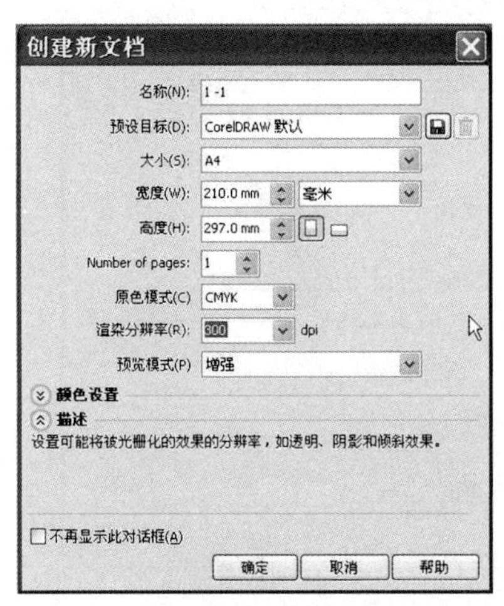

图 3-8　CorelDRAW 新建文件窗口

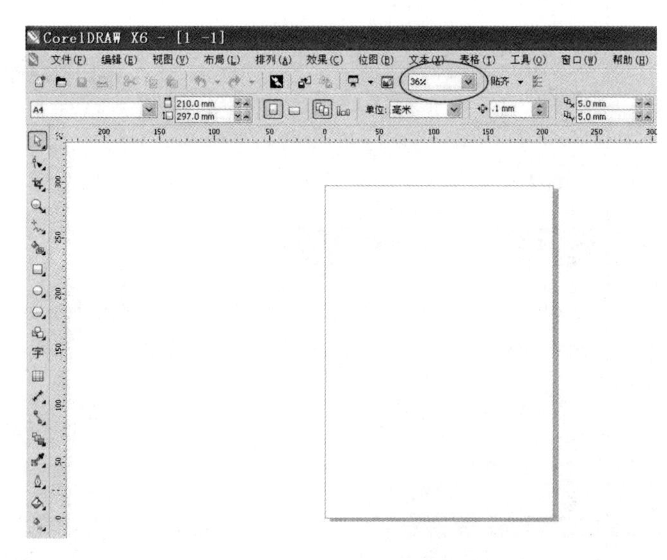

图 3-9　CorelDRAW 工作窗口

2. 不规则多边形的绘制

点击左侧工具栏中的手绘工具( ),在下拉菜单中选择钢笔工具,如图 3-10 所示,点击,就可以绘制弧线。

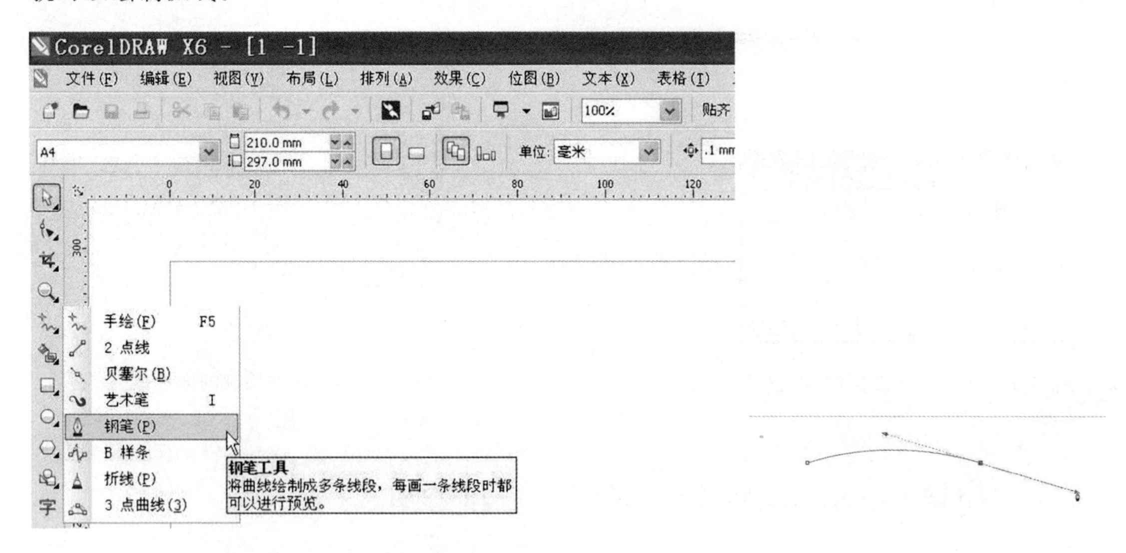

图 3-10　CorelDRAW 工作窗口的钢笔工具

图 3-11　CorelDRAW 工作窗口的钢笔工具绘制弧线

首先在弧线的起点用鼠标左键点击,拉着鼠标光标在弧线的终点点击,按着鼠标左键继续拉着鼠标光标旋转就可以调节弧线的形状。继续点击第三点,拉着鼠标光标旋转,选择弧线的形状,在弧线的终点处双击鼠标,就可以结束钢笔工具的绘制,如图 3-11 所示。最后绘出的不规则的四边形如图 3-12 所示。

3. 不规则多边形大小的调整

点击左侧工具栏中的选择工具( )，在图形上点击，图形四周出现 8 个小正方形，如图 3-13所示。点击任意一个小正方形并拖动，就可以任意调节这个图形的大小。在这个图形内部任意一点点击并拖动鼠标，可以调整图形的位置。

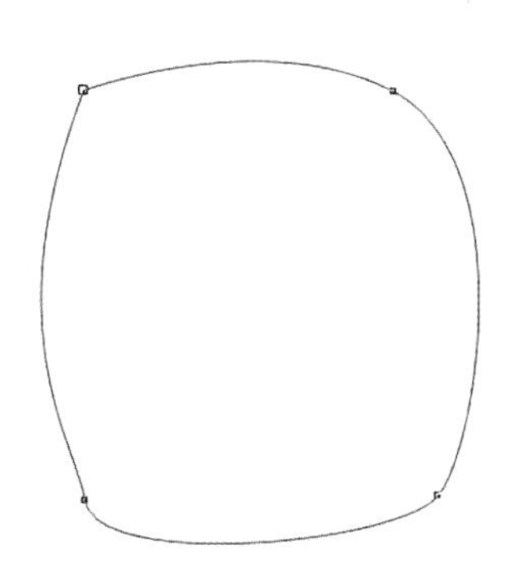

图 3-12 钢笔工具绘制的不规则四边形

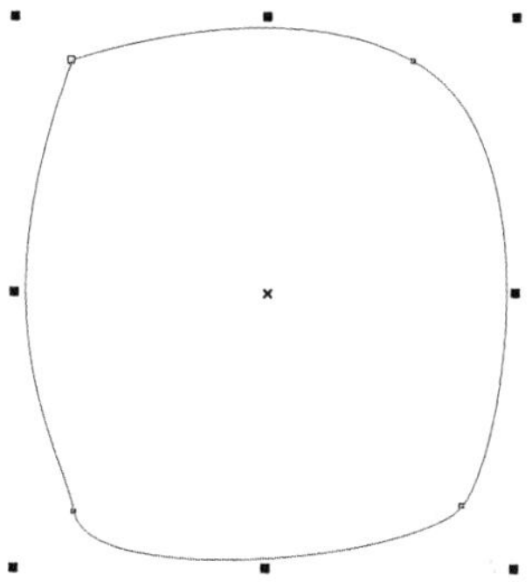

图 3-13 选定后的不规则四边形

4. 椭圆的绘制

点击左侧工具栏中的椭圆工具( )，点击右下角的小三角形，选择椭圆形工具，如图 3-14 所示。然后在合适的位置上，用鼠标左键一拉就可以绘出一个椭圆来，如图 3-15 所示。此时椭圆是黑色的。选定椭圆，在 CorelDRAW 右侧的颜色工具(图 3-16)中，右键点击蓝色，椭圆的框就变成蓝色的。按照同样的方法，绘制一个小椭圆，然后选定这个小椭圆，用鼠标左键在右侧的黑色工具中点击，这个椭圆就变成了黑色、实心的椭圆。继续采用钢笔工具，绘制不规则的液泡，如图 3-17 所示。

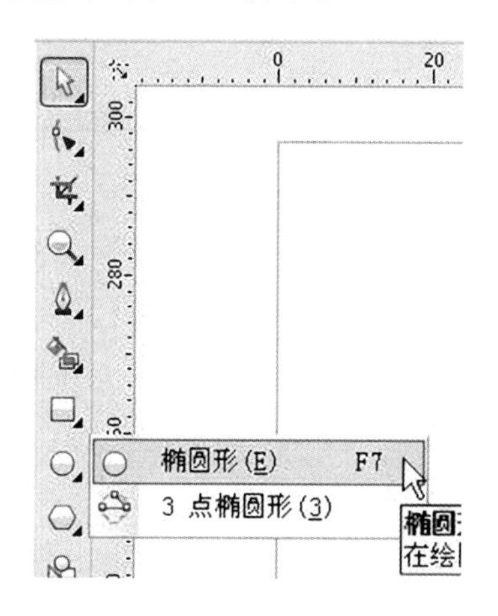

图 3-14 CorelDRAW 的椭圆工具

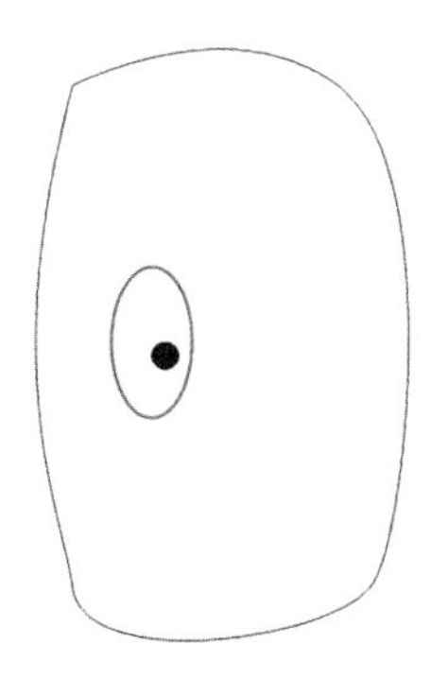

图 3-15 钢笔工具绘制的椭圆

5. 点的绘制

点击左侧工具栏中的钢笔工具，点击右下角的小三角形，选择手绘工具，如图 3-18 所示。在工作窗口的上方，选择虚线，在弹出的窗口上点击“确定”，如图 3-19 所示。然后在合适的位置上，用鼠标左键拉着在需要绘制点的位置移动，然后选择这些虚线，右键在颜色工具栏点击绿色，就会出现绿色的虚线，如图 3-20 所示。用同样的方法，选择密度更稀的点，然后在液泡内绘制虚线，如图 3-21 所示。

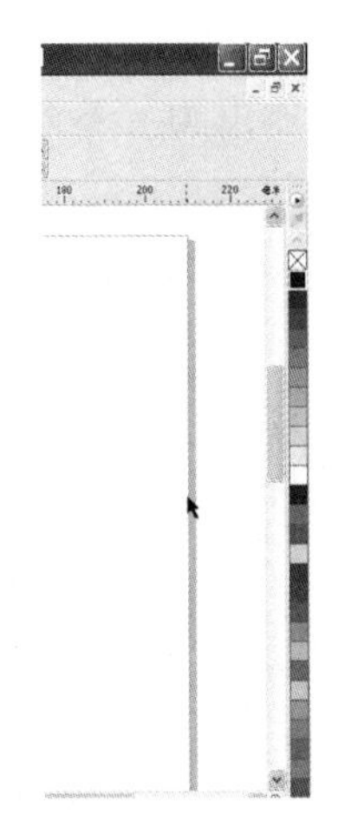

图 3-16　CorelDRAW 右侧的颜色工具

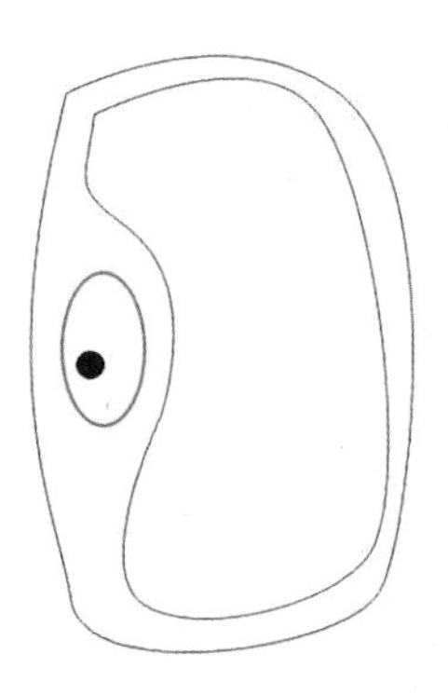

图 3-17　CorelDRAW 钢笔绘制的液泡

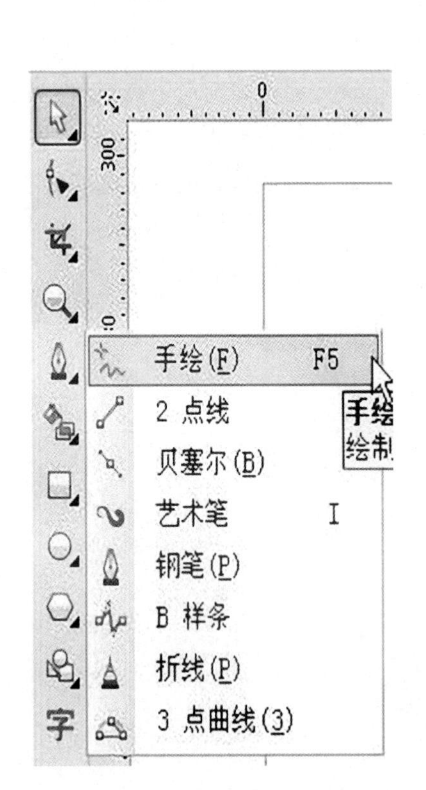

图 3-18　CorelDRAW 手绘工具

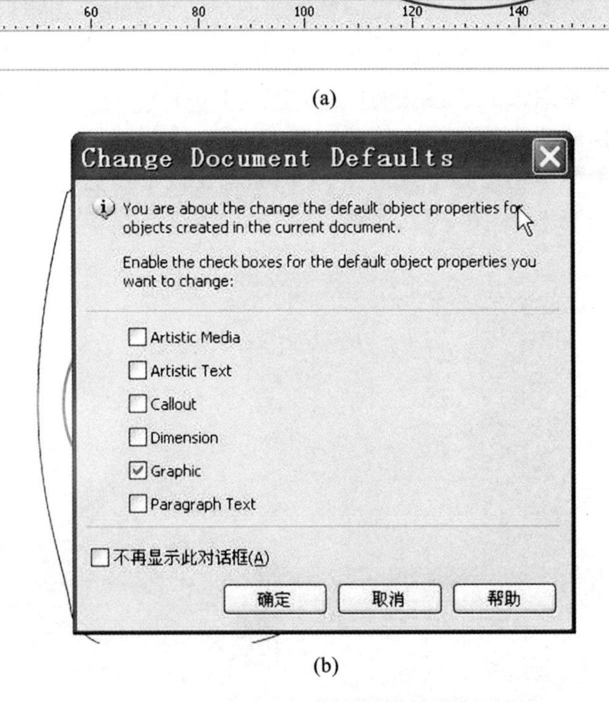

图 3-19　工作窗口的选择虚线的弹出窗口

6. 直线的绘制

当图形完成后,需要增加直线标注,此时选择 2 点线工具,点击,如图 3-22 所示。用鼠标左键任意一拉,就绘出直线。选定直线,在如图 3-23 所示的笔尖粗细选项中选择“0.2 mm”。直线就会变粗。绘制好直线后得到的细胞图如图 3-24 所示。

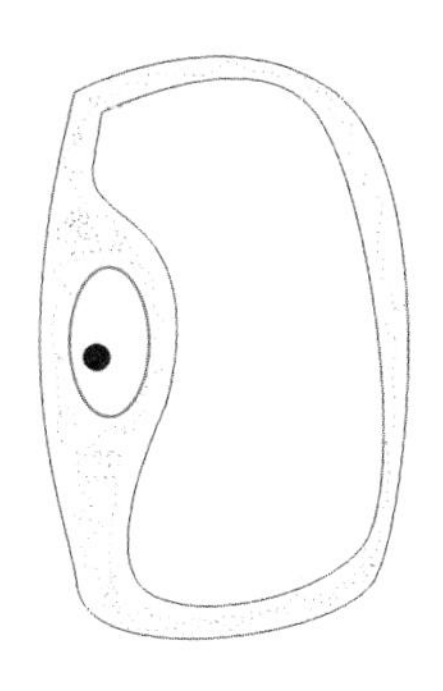

图 3-20 手绘工具给细胞质打点

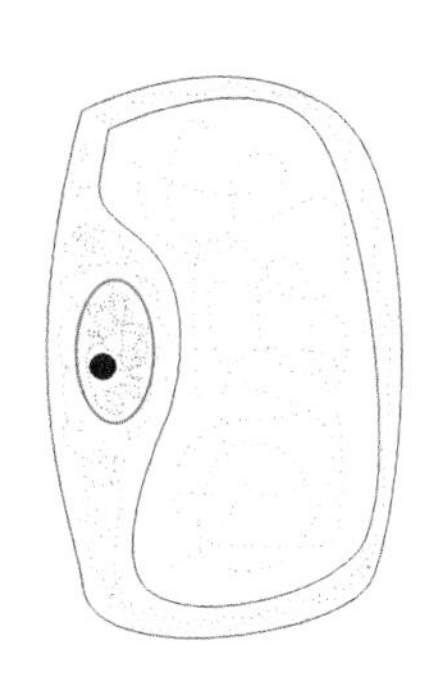

图 3-21 手绘工具给液泡打点

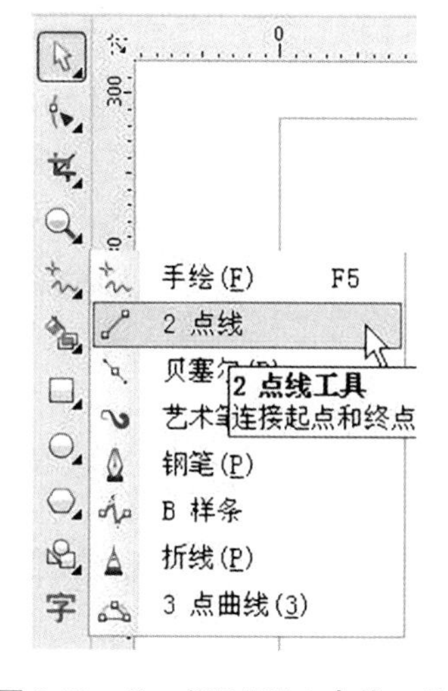

图 3-22 CorelDRAW 2 点线工具

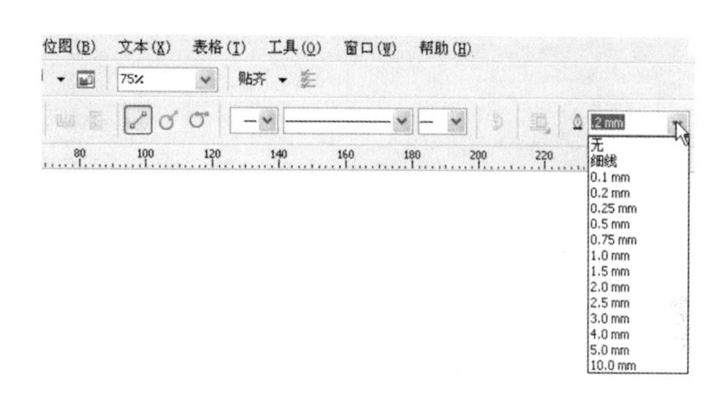

图 3-23 CorelDRAW 控制笔尖粗细

7. 文字标注

当图形完成后，需要用文字标注每部分结构的名称。此时选择文本工具(字)，点击，在页面上拉出方框，然后就可以输入文字，选定文字后，可以调整文字的大小。增加文字后的细胞图如图 3-25 所示。此时，文字的大小是 18 pt。只需选定文字后，就可以任意移动文字。最后，在图的下方增加图的说明即可。

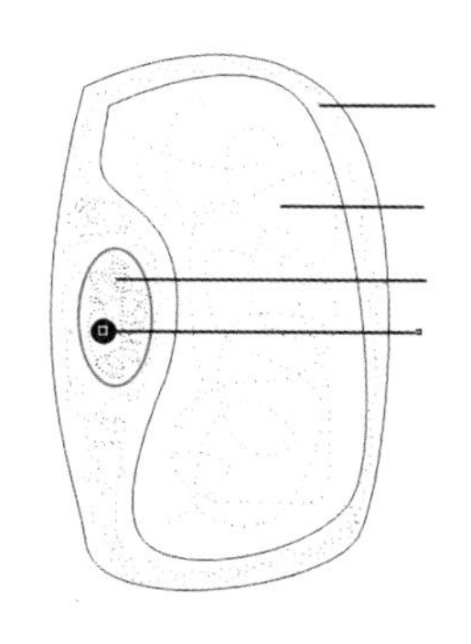

图 3-24 2 点线工具绘制直线

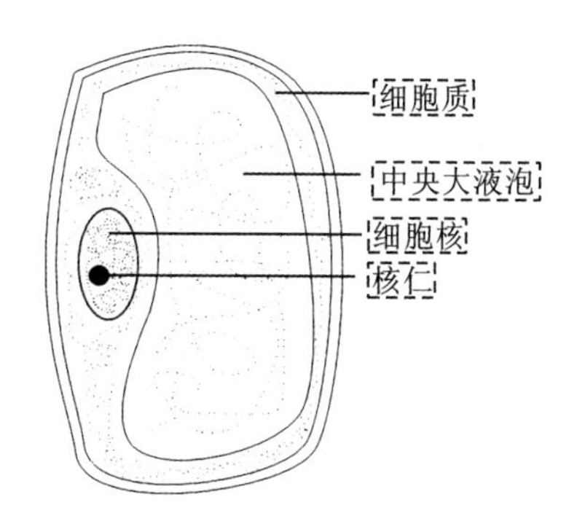

图 3-25 完成的细胞图

CorelDRAW 软件还具有复制和粘贴的功能。这使绘图更加快速。当选定某一图形，选择复制和粘贴，就可以快速绘出图形，然后调节图形的大小，就可以绘出大小不同的图形来。另外，选定一个图形，双击后可以拉着任意旋转，十分方便。图 3-25 中外层的细胞壁就是采用复制和粘贴的命令绘出来的。

8. 文件导出成 JPEG 格式

完成图片后就可以导出 JPEG 格式的文件。在文件的下拉菜单中，选择“导出(E)...”，点击(图 3-26)，弹出图 3-27 所示的窗口。在这个窗口上给文件命名，选择保存的位置，点击“导出”，弹出图 3-28 所示的窗口。在这个窗口上，点击“确定”，就可以保存为 JPEG 格式的文件。

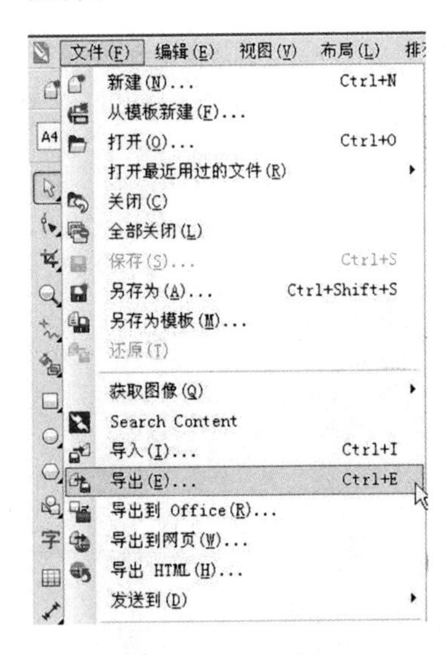

图 3-26　导出命令

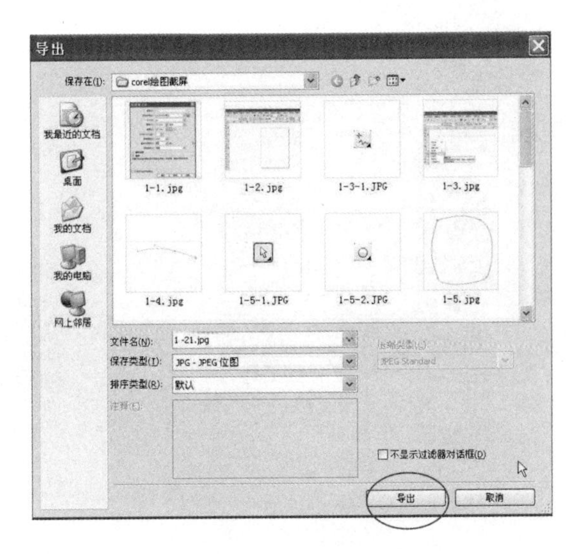

图 3-27　导出窗口

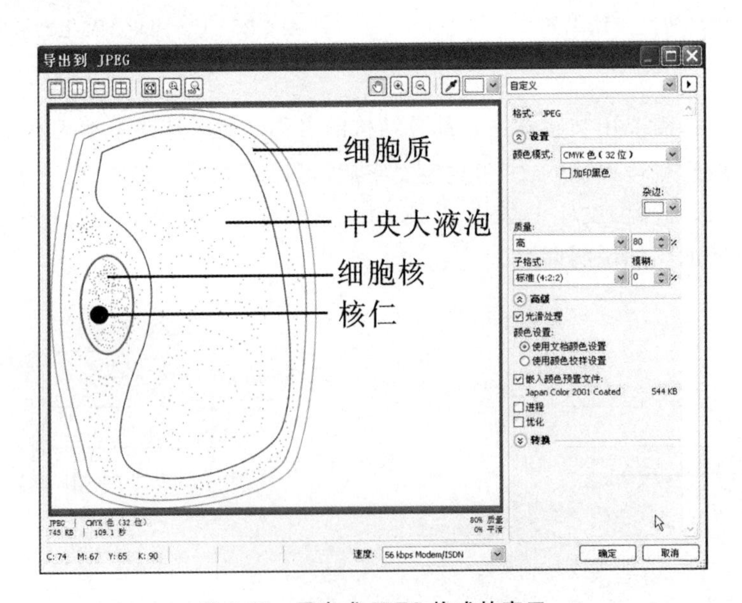

图 3-28　导出成 JPEG 格式的窗口

还可以采用选定工具，在几个相关的结构上一拉，就可以一起移动。这样修改起来十分方便。当对图片进行局部修改时，工作量就少多了。

总之，利用 CorelDRAW 软件绘图一般按照新建文件、绘制图形、添加直线、添加文字标注、导出 JPEG 格式的文件等步骤来进行。

3.2.3 使用 Adobe Illustrator CS6 软件进行计算机绘图

在绘制前，首先在网上查找并下载这个软件，然后安装到计算机上，就可以使用这个软件了。

1. 新建文件

首先要新建一个文件。双击打开 Adobe Illustrator CS6 软件，点击“新建文档”，弹出图 3-29所示的窗口，在这个窗口上首先命名文件。一般用 1-1，1-2，…来命名，如图 3-30 所示。点击“确定”按钮，进入工作窗口(图 3-31)，在这个窗口的左下角可以选择视图大小的百分比，调整到合适的大小。

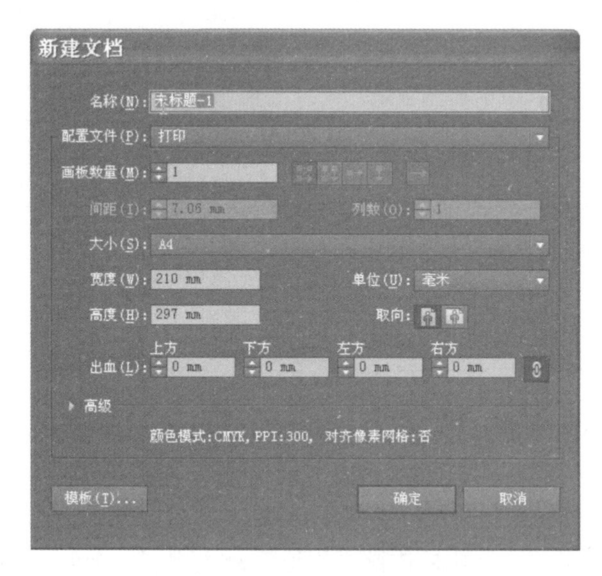

图 3-29 Adobe Illustrator 新建文件窗口

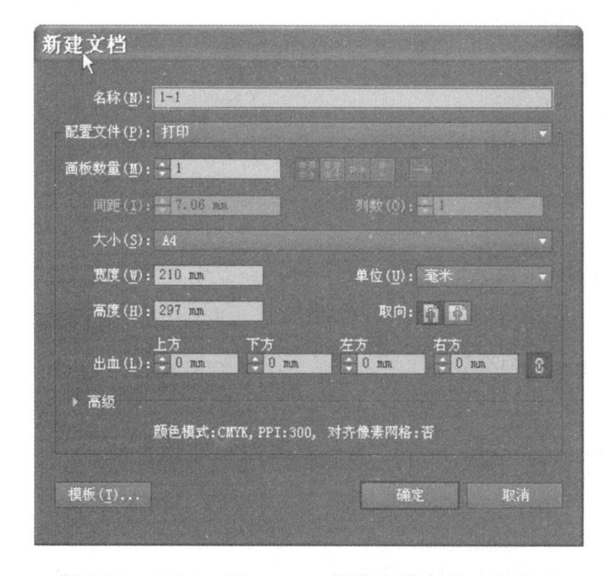

图 3-30 Adobe Illustrator 修改文件名的工作窗口

在图 3-31 左侧有一个工具窗口,如图 3-32 所示,将鼠标光标放到工具图标上,就可以看到对应工具的中文名称。

图 3-31 Adobe Illustrator **的工作窗口**

图 3-32 Adobe Illustrator **的工具窗口**

2. 多边形的绘制

点击左侧工具栏中的手绘工具,在下拉菜单中选择多边形工具,如图 3-33 所示,点击,在屏幕上一拉,就可以绘制出一个六边形,如图 3-34 所示。在这个多边形内或边上点击鼠标左键,就可以弹出如图 3-35 所示的窗口。在这个窗口上,可以改变多边形的边的条数,点击确定后就可以出现一个新的多边形。如果选择边数是 5,就会出现一个五边形,如图 3-36 所示。

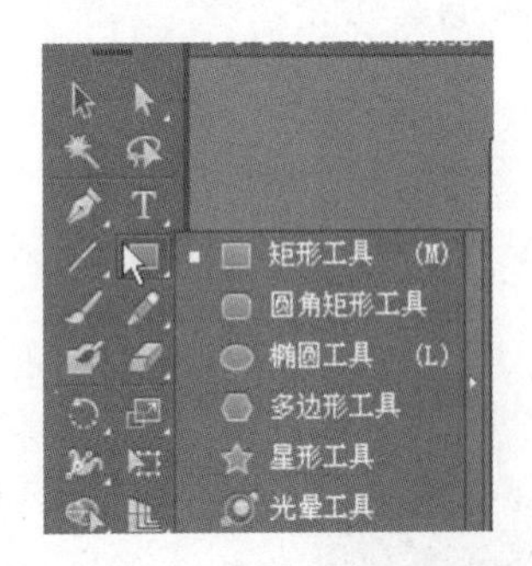

图 3-33 Adobe Illustrator **的手绘工具**

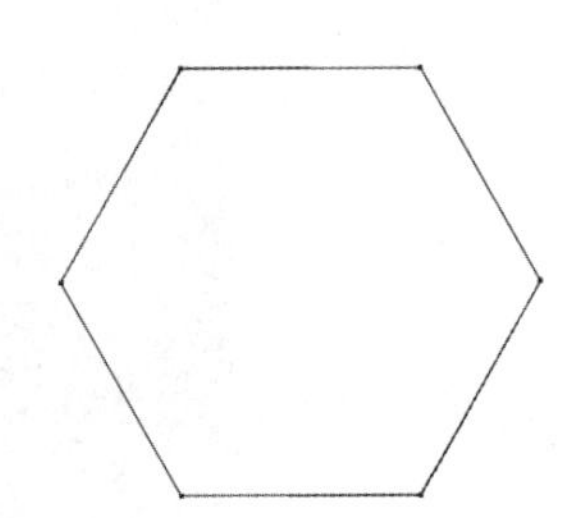

图 3-34 多边形工具绘制的六边形

3. 多边形大小的调整

点击左侧工具栏中的选择工具,在多边形的边上点击,就可以选定这个多边形,此时在多边形的四周出现蓝色的选定框(图 3-37),这个多边形也变成蓝色的。将鼠标左键光标放到选定框的小正方形上,可以随意放大或者缩小这个多边形。

将鼠标左键光标放到多边形的边上,可以随意拖动这个多边形到任意位置。将鼠标左键放到选定框顶点的 4 个小正方形外侧,当出现一个双向的箭头时(图 3-38),可以移动鼠标左键

图 3-35 Adobe Illustrator 多边形设置窗口

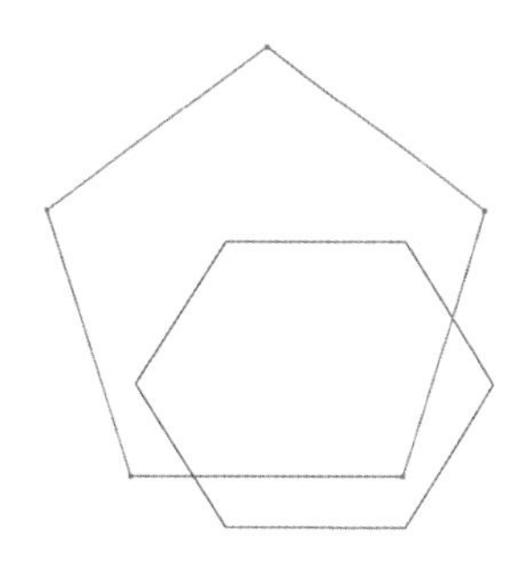

图 3-36 增加了一个五边形的工作窗口

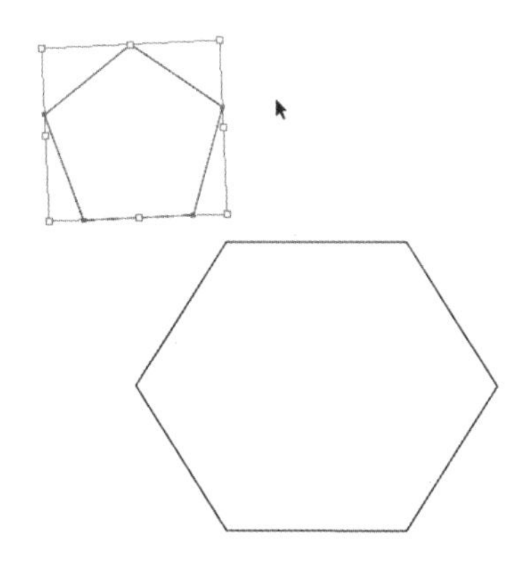

图 3-37 五边形的选定框

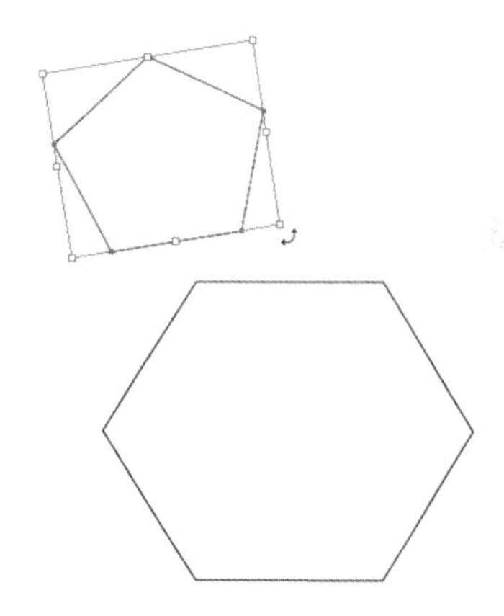

图 3-38 旋转五边形的工作窗口

来旋转这个多边形。

选定的图形可以按 delete 键删除，也可以采用复制、粘贴命令，快速绘出一个一模一样的多边形，然后调整大小，绘出一个相似的多边形。采用这种方法在绘制细胞壁和细胞膜时十分快捷。图 3-39 就是采用复制、粘贴命令绘出的。

4. 椭圆的绘制

点击左侧工具栏中的矩形工具，点击右下角的小三角形，选择椭圆工具，如图 3-40 所示。然后在合适的位置上，用鼠标左键一拉就可以绘出一个椭圆来。此时椭圆是黑色的。选定椭圆，在 Adobe Illustrator 上方的工具栏中，点击第一个并选择青色，如图 3-41 所示，椭圆内部就变成青色的(图 3-42)。椭圆大小的调节与多边形大小的调节相同。

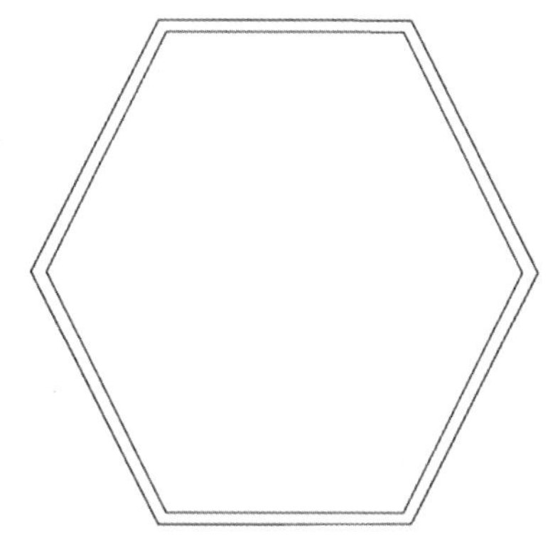

图 3-39 旋转五边形的工作窗口

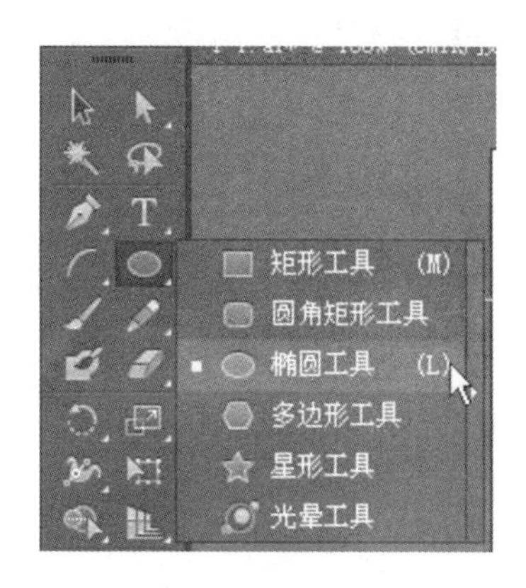

图 3-40 椭圆工具

图 3-41　椭圆颜色的修改

按照同样的方法,绘制一个小椭圆,然后选定这个小椭圆,用上方的工具栏中选择填充黑色,这个小椭圆就变成了黑色、实心的椭圆,如图 3-43 所示。

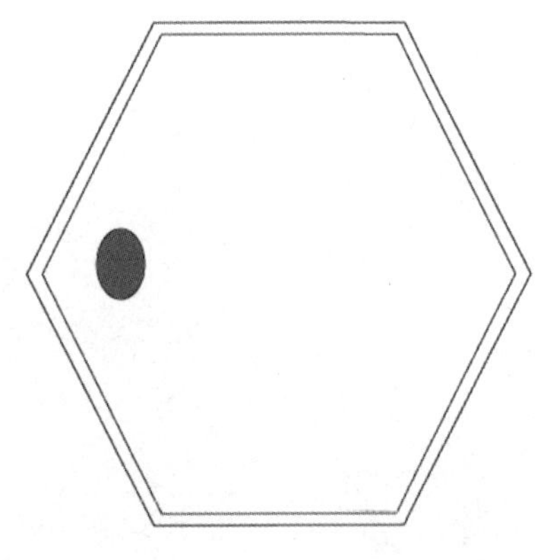

图 3-42　绘制一个椭圆

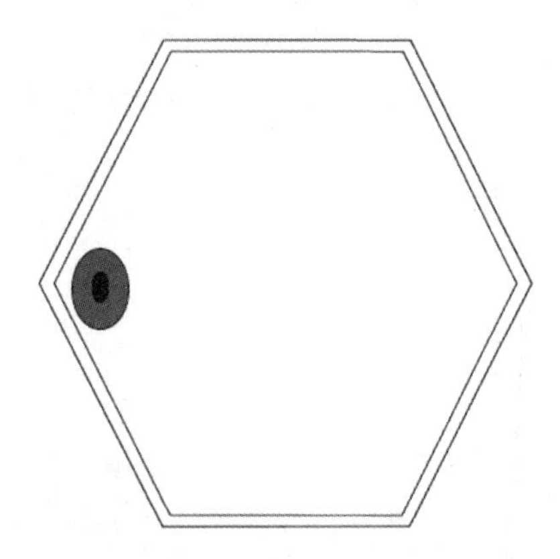

图 3-43　绘制一个小椭圆

5. 弧线的绘制

细胞内部的大液泡一般采用弧线绘制。点击左侧工具窗口中的直线段工具,选择弧线工具(图 3-44),然后在屏幕上一拉,就可以绘出一条弧线。选定弧线,当出现矩形的选定框时,可以按照调节多边形的大小和方向的方法,调节弧线的形状,最后绘出一个不规则形状的椭圆,如图 3-45 所示。也可以采用钢笔工具进行绘制,调出钢笔工具后,在弧线的起点用鼠标左键点击,松开鼠标,在弧线的终点点击,按住鼠标左键绘出合适的弧线后,松开鼠标就可以完成弧线的绘制。

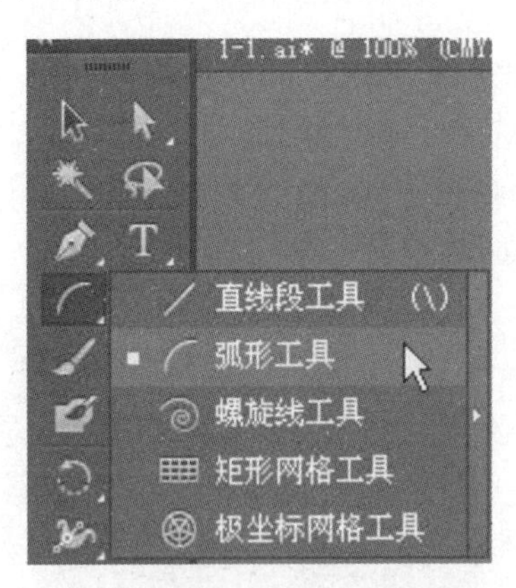

图 3-44　弧线工具

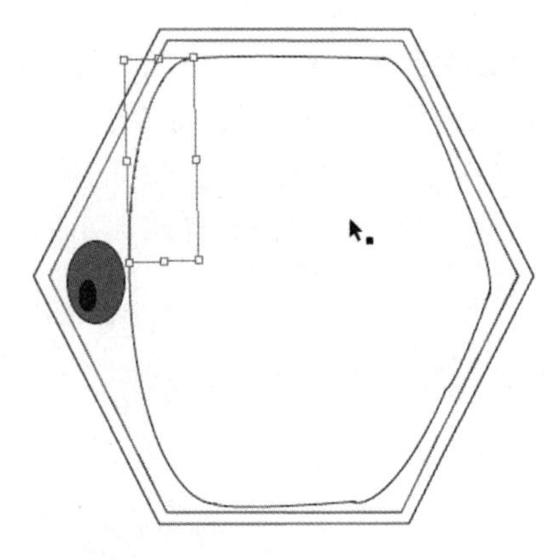

图 3-45　弧线工具绘出的大液泡

6. 点的绘制

当细胞的轮廓完成后,需要打点来表示各部分的密度。此时选择左侧的铅笔工具,点击,如图 3-46 所示。在需要打点的位置,进行绘制。绘制完成后,点击上方的描边,弹出窗口,如图 3-47 所示。在这个窗口上,在虚线左侧的小方框内点击,如图 3-48 所示,选择虚线和间隙的大小。这里选择虚线为 0.5 pt，间隙为 10 pt，如图 3-49 所示。此时细胞质的虚线如图 3-50 所示。

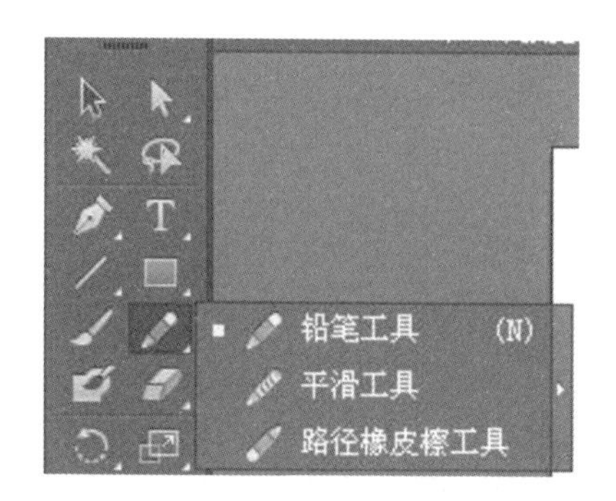

图 3-46 铅笔工具

图 3-47 描边的弹出窗口

图 3-48 改变虚线的间隔

图 3-49 虚线属性的选择

按照同样的方法，将液泡内用铅笔工具描线，然后点击描边，在弹出窗口上，选择虚线为 0.5 pt，间隙为 20 pt，此时细胞质的点如图 3-51 所示。还可以点击描边工具左侧的颜色，改变点的颜色。

7. 直线的绘制

当图形完成后，需要增加直线标注，此时选择左侧的直线段工具，点击，如图 3-52 所示。用鼠标左键任意一拉，就绘出直线。选定直线，可以随意改变直线的位置。绘制好直线后，细胞图如图 3-53 所示。

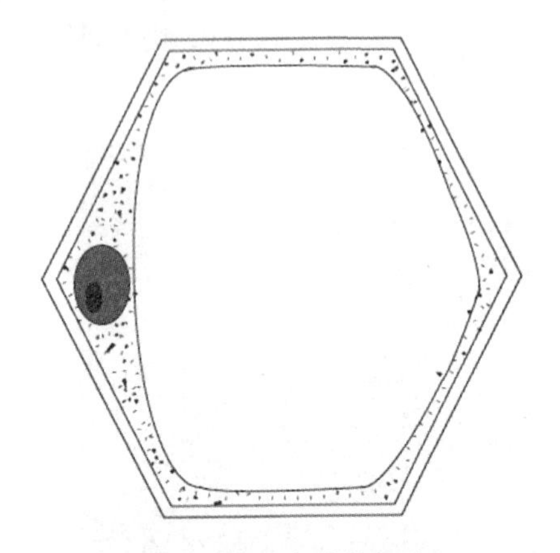

图 3-50　打点前的细胞

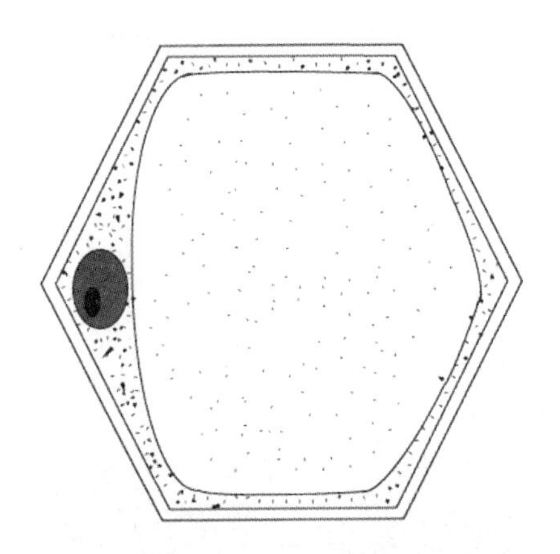

图 3-51　打点后的细胞

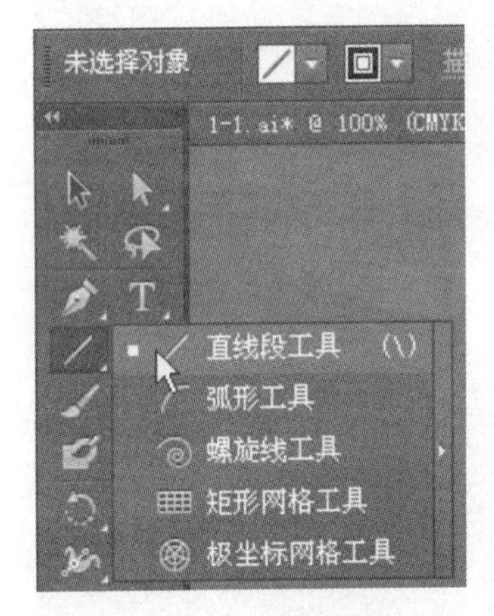

图 3-52　Adobe Illustrator 的直线段工具

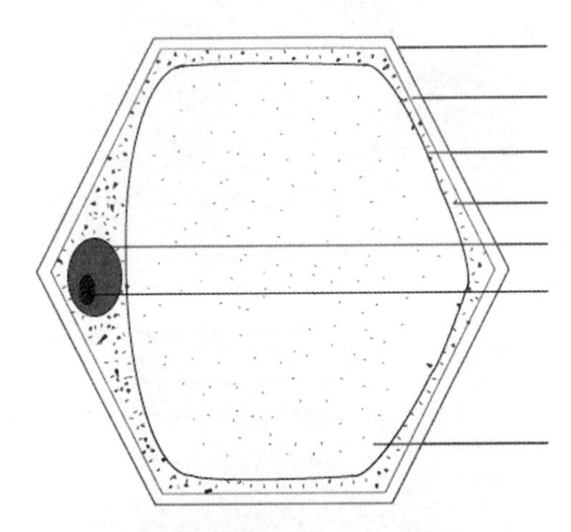

图 3-53　绘制直线后的细胞图

8. 文字标注

当图形完成后,需要用文字标注每部分结构的名称。此时选择文字工具(图 3-54),点击,在页面上一拉,然后就可以输入文字。选定文字后,点击上方的字符,可以弹出图 3-55 所示的窗口,在这个窗口上可以调节文字的大小。此时,图中设置文字的大小是 18 pt。只需选定文字,就可以任意移动文字。最后,在图的下方增加图的说明即可。增加文字后的细胞图如图 3-56 所示。

Adobe Illustrator 软件还具有复制和粘贴的功能,这使绘图更加快速。当选定某一图形,选择复制和粘贴,就可以快速绘出图形,然后调节图形的大小,就可以绘出大小不同的图形来。另外,选定一个图形,双击后可以拉着任意旋转,十分方便。

9. 文件导出成 JPEG 格式

完成图片后就可以导出 JPEG 格式的文件。在文件的下拉菜单中,选择"导出(E)...",点击(图 3-57),弹出图 3-58 所示的窗口。在这个窗口上给文件命名,选择保存的位置和格式,点击"保存",弹出图 3-59 所示的窗口。在这个窗口上,选择分辨率,当要打印时,选择为 300 ppi。点击"确定",就可以保存为 JPEG 格式的文件。

还可以采用选定工具,在几个相关的结构上一拉,就可以一起移动。这样修改起来十分方便。当对图片进行局部修改时,工作量就少多了。

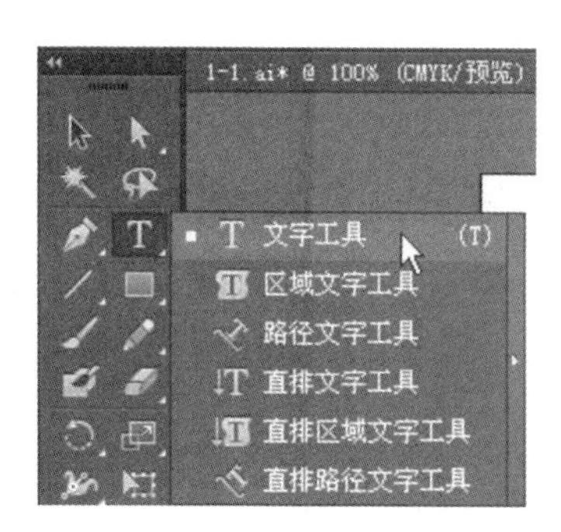

图 3-54　Adobe Illustrator 文字工具

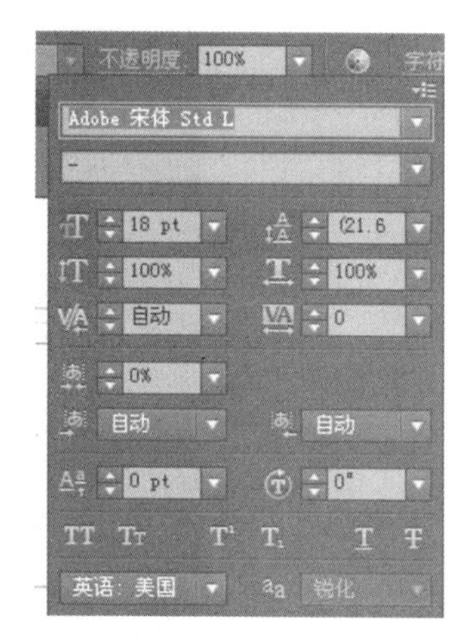

图 3-55　Adobe Illustrator 文字设置

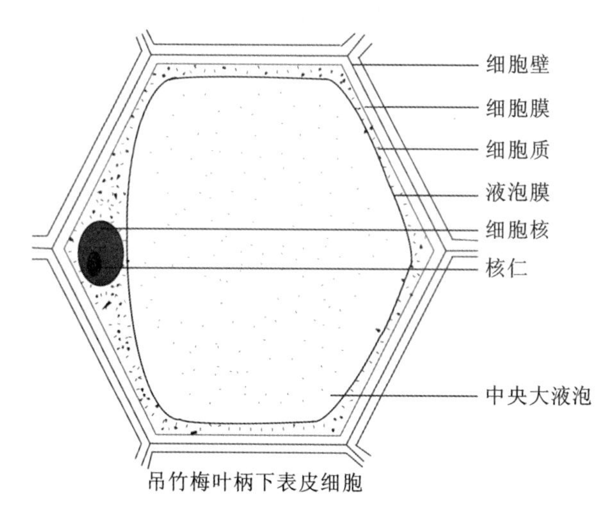

图 3-56　Adobe Illustrator 完成的细胞图

新建(N)...	Ctrl+N
从模板新建(T)...	Shift+Ctrl+N
打开(O)...	Ctrl+O
最近打开的文件(F)	▸
在 Bridge 中浏览...	Alt+Ctrl+O
关闭(C)	Ctrl+W
存储(S)	Ctrl+S
存储为(A)...	Shift+Ctrl+S
存储副本(Y)...	Alt+Ctrl+S
存储为模板...	
存储为 Web 所用格式(W)...	Alt+Shift+Ctrl+S
存储选中的切片...	
恢复(V)	F12
置入(L)...	
存储为 Microsoft Office 所用格式...	
导出(E)...	
脚本(R)	▸
文档设置(D)...	Alt+Ctrl+P
文档颜色模式(M)	▸
文件信息(I)...	Alt+Shift+Ctrl+I
打印(P)...	Ctrl+P
退出(X)	Ctrl+Q

图 3-57　导出命令

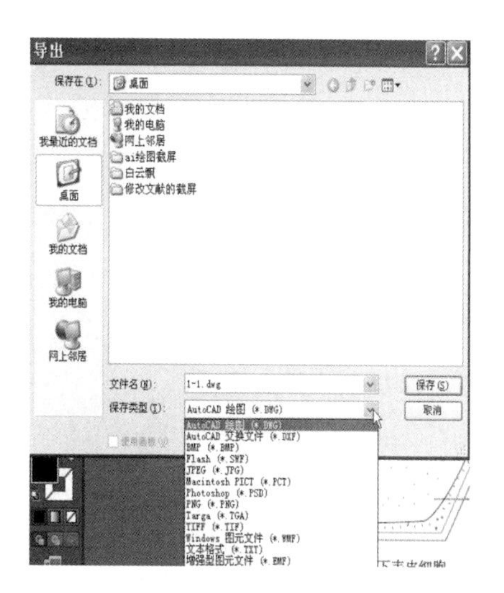

图 3-58　导出窗口

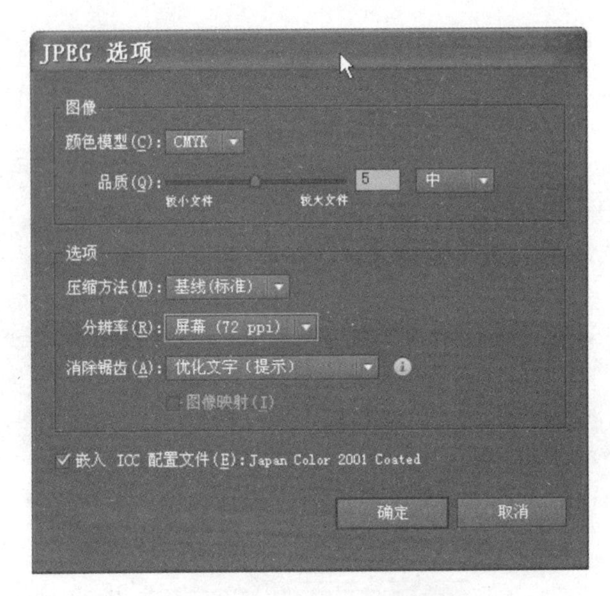

图 3-59　导出 JPEG 格式的窗口

4 植物学实验准备

4.1 植物学实验须知

4.1.1 实验室规则

(1) 学生进入实验室必须穿实验服,不迟到,不早退,保持安静。

(2) 严格遵守实验仪器设备的操作规程,爱护仪器。使用大型仪器设备前必须经过基本技术培训,考核合格后方可使用。实验结束后对需要关机的仪器设备要关掉电源开关。未经指导老师许可,不得随意动用任何仪器设备。

(3) 使用药品时,要注意安全,厉行节约。公用药品必须在原来放置的地方取用,药品废液要回收到指定的容器中。使用易燃、易爆和剧毒试剂时,必须遵守有关规定。

(4) 未经许可不得将实验室内的任何物品带出实验室。

(5) 如发生事故、器材损坏或丢失,当事人必须首先报告指导老师和实验员,并根据情况写出书面报告,由指导老师和实验室负责人审查损失状况,学校实验教学中心按照相关规定提出处理意见,包括按照实验室相关规定赔偿。

(6) 在实验室做到不吸烟,不随地吐痰,不乱扔东西,按照规定丢弃实验废物,保持实验室的整洁。

(7) 节约使用水、电、气、实验药品和实验材料等。按照有关规定操作,保证安全。

4.1.2 学生实验守则

(1) 实验前必须预习有关的实验内容,明确实验目的、要求和注意事项,了解实验的基本内容。

(2) 提前 5 min 进入实验室,把学生自备的实验用品带入实验室,把与实验无关的书包、外衣等放入抽屉或书包柜中,穿好实验服,坐在指定的座位上,做好实验前的准备工作。

(3) 在实验中,要认真听指导老师的讲解,规范操作,仔细观察,积极思考。将实验的要求、目的、过程和结果记录在实验记录本上。遇到解决不了的问题,可举手请求指导老师的帮助。不大声喧哗,不随意走动,保持实验室安静。

(4) 按要求完成实验报告。绘图及填图类实验报告,要在仔细、认真观察的基础上,用铅笔科学、准确地绘图或填图,并当堂上交实验报告;其他类实验报告,要数据真实,内容简明,分析透彻,失败时弄清原因,独立、按时完成实验报告。

(5) 实验结束时,要将实验仪器、用品等归还原处,将用过的器皿洗刷干净,台面收拾整洁,在指导老师检查同意后方可离开。值日生要彻底清扫实验室卫生,仔细检查水、电、门窗等是否关闭,经指导老师批准后方可离开实验室。

(6) 必须严格遵守实验室规则。

4.2 植物学实验材料的准备

4.2.1 种子植物实验材料的准备

1. 种子植物新鲜材料的采集

多年的实践经验表明,植物学实验课中采用新鲜植物作为实验材料,其实验效果要明显好于保存液浸制的实验材料。因此,应尽量使用新鲜材料。可在实验课前采集校园植物,也可到花鸟市场购买所需的实验材料。表 4-1 是一些常见校园植物的花期和果实成熟期,可供采集实验材料时参考。

表 4-1 常见校园植物的花果期

植物种名	花期(月份)	果期(月份)	植物种名	花期(月份)	果期(月份)
银杏	4—5	10	油菜	4—5	5—6
马尾松	4—5	翌年	垂柳	3—4	5
水杉	2—3	10—11	山茶花	2—3	5—6
紫玉兰	3—4	9—11	蔷薇	5—6	7—8
荷花玉兰	5—6	9—11	紫荆	3—4	6—8
含笑	3—4	8—10	洋槐	5	7—8
龙葵	7—8	8—9	草莓	5—6	7—8
毛茛	3—4	4—5	桃树	3—4	6—7
木芙蓉	10—11	11—12	菊花	10—11	11—12

2. 种子植物实验材料的保鲜

植物学实验时间与实验材料的成熟期往往不一致,因此,采集的植物材料一般需要进行一段时间的保鲜处理。

(1) 植物花的保鲜。

无论是单生花还是花序上的花,如果不是当日实验使用,可采集尚未完全开放的花,花枝采下后应及时补充水分和养分。有些花如用 3% 的糖液处理能保鲜达一周。每隔 2~3 d,将花枝基部剪去 1~2 cm,以除去腐烂部位,又可使切面无阻碍地吸收水分和养分。采用抑制乙烯激素的生物合成的试剂也是保鲜的关键,如 $1\times10^{-4}\sim5\times10^{-4}$(体积分数)的 8-羟基喹啉有保鲜防腐的作用,$5\times10^{-5}\sim5\times10^{-4}$(体积分数)的硝酸银也可延长花的保鲜时间。

(2) 果的保鲜。

果实保鲜以成熟七八成且无机械损伤的为好,保鲜方法有低温保鲜、常温保鲜和化学保鲜。

①低温保鲜：常用冰箱储存保鲜，将挑选的肉质果实水洗，浸入 5～8 ℃冷水中 2～4 h，然后晾干，装入聚乙烯薄膜袋，放入 4～6 ℃冰箱中，第二天扎紧袋口，可储藏 20～25 d。如用防腐剂洗果，用冷风预冷，装入冰箱，能储藏 20～35 d。香蕉储藏温度以 13～15 ℃为好，低于 12 ℃将产生冻害。

②常温保鲜：用新洁尔灭或来苏尔消毒，置于阴凉、湿度较大、通风良好处，即可保鲜一段时间。

③化学保鲜：果实成熟主要是乙烯作用引起的，高锰酸钾（$KMnO_4$）能将乙烯氧化成 CO_2 和 H_2O。具体做法是将高锰酸钾配成饱和溶液，用活性炭、泡沫砖等浸透后作为高锰酸钾的载体，捞出晾干、密封保存备用。使用时再放入打孔的小塑料薄膜袋中，也可用纱布包成小包放在装有果实的塑料袋中，这样果实释放的乙烯将被吸附氧化。当高锰酸钾失效时，颜色会由原来的紫红色变成砖红色，此时应及时更换。保鲜时也要注意果实防腐，常用的化学防腐剂有苯莱特、特克多、多菌灵、甲基托布津、硼砂、碳酸氢钠、次氯酸钠、硫酸铜等，使用浓度为 $5\times10^{-4}\sim1.0\times10^{-3}$（体积分数），用于防腐的洗果时间为 2～5 min，熏果时间为 18～24 h，也可把防腐剂加到果实包装袋中。经化学处理后，一般可放在室温下保存一段时间。

4.2.2　孢子植物实验材料的准备

孢子植物没有种子植物常见，提前准备实验材料尤为重要。有些孢子植物实验材料可通过采集和保存进行准备，有的则需要进行培养。

1. 淡水藻类标本的采集和保存

淡水藻类包括浮游藻类和附生藻类，是藻类实验中的重要观察对象。浮游藻类可用浮游生物网在水体表层往复拖取，将获得的浮游藻类材料放入塑料瓶中，现场加鲁哥氏液固定后，再加入甲醛，使标本保存液的甲醛浓度为 4%时可长期保存。对于附着生长的藻类，可用镊子在水生植物根部捞取枯死的部分，其上会附生许多淡水藻类，将捞取的材料放入塑料瓶中，加入甲醛至 4%的浓度，即可长期保存供实验观察使用。

2. 大型海藻材料的采集和标本制作

大型海藻包括海带、裙带菜、紫菜等海洋藻类。采集大型海藻时，要选择藻体完整和具有生殖器官的材料，可制成腊叶标本或液浸标本。

（1）腊叶标本的制作：将采集来的标本用海水洗净后，放在标本纸上，再将标本纸放在托板上，用镊子将藻体展开，使其呈自然状态，藻体各部分一定要保持完整。然后慢慢将托板移离水面，滤掉滴水，将标本纸从托板上取下，放到吸水纸上，盖上一层纱布，再放上吸水纸反复吸水使标本尽快干燥，当标本纸放到一定厚度时，可用标本夹夹住，并施以适当的压力，加快水分的吸收。每天换吸水纸 1～2 次。一般情况下，一周左右标本就可以完全干燥。将干燥好的标本粘贴于台纸上，其余作为备用标本，用报纸夹起来存放于通风干燥处。

（2）液浸标本的制作：液浸标本主要供解剖研究用。将标本放入合适的标本瓶中，加入福尔马林至固定液浓度达到 5%。标本体积一般不超过固定液体积的 2/3。瓶内、瓶外贴上标签（采集号、日期、地点、采集人等信息），按号顺序排放，放入标本柜内保存。

大型海藻中海带是植物学实验常用的材料，我国自然生长的海带主要分布于辽东半岛和山东半岛海域，秋天可以采到有孢子囊的成熟孢子体。制作标本时可先将藻体晾至半干，太干则不易压平。处理标本时可在藻体上抹一些福尔马林防腐，标本晾至近干时将藻体卷起保存。

液浸标本要选带有孢子囊的带片，剪成小块浸泡于7%～10%的甲醛海水溶液中保存，供徒手切片或石蜡切片用。

3. 苔藓植物标本的采集和保存

苔藓植物个体微小，容易干燥，不易发霉腐烂，而且在干燥状态下，颜色也能长期保持，因此非常适宜用纸质标本袋长期保存。入袋保存前，先将标本放在通风处晾干，抖净所带泥土，然后放入标本袋中。与此同时，要注明采集信息，如学名、产地、采集人和编号，将标签贴在标本袋上，并在登记簿上登记，然后放入标本柜长期保存。

4. 苔藓和蕨类植物配子体的培养方法

观察苔藓和蕨类植物的配子体是理解植物生活史的重要手段，但它们在自然条件下不易获得，通常需要人工培养。

(1) 培养基的配制。

地钱和葫芦藓均可用Knop's培养基进行培养，培养基配方如下：取$Ca(NO_3)_2 \cdot 4H_2O$ 0.8 g、KH_2PO_4 0.2 g、KNO_3 0.2 g、$MgSO_4 \cdot 7H_2O$ 0.2 g，加水至1000 mL，高温灭菌后可得液体培养基。将上述培养基加1%琼脂煮沸，倒入培养皿制成固体培养基，即可进行材料培养。

(2) 地钱配子体的培养。

地钱的配子体可用孢子，也可用胞芽进行培养。孢子繁殖是将孢子播散在培养基上，孢子萌发形成丝状体、片状体，顶端分化出分生组织，最后长成地钱的配子体。胞芽繁殖简单，可把胞芽散播在培养基上，每一个胞芽有两个生长点，向两端生长，最后中间断裂，形成两个配子体。配子体经一段时间培养后可分化产生雌生殖托和雄生殖托，二者分别产生颈卵器和精子器，经受精作用形成孢子体。

(3) 葫芦藓配子体的培养。

将采集到的成熟孢子囊数十个，在一张白纸上压碎，将收集到的孢子撒在已准备好的培养基上。如在25 ℃下培养，2～3 d内即可见到孢子萌发，2～3周内可见到大量的原丝体。若观察芽体和茎叶体，可继续培养。温度的高低对芽体出现的早晚影响很大，如保持25 ℃左右的温度，半月左右就可产生芽体，温度太低和太高都会延迟芽体的形成。芽体形成茎叶体，最后原丝体逐渐萎缩。茎叶体出现后继续培养，可以产生雌、雄生殖器官。生殖器官的产生需要较低的温度。如产生芽体后，将温度降至15 ℃左右，经过1个月左右即可产生雌、雄生殖器官。孢子体的发育则需要较高的温度。一般在夏季室温条件下自受精后3个月左右孢子体可以生长成熟。

(4) 蕨类配子体的培养。

培养蕨类植物配子体常用的培养基为改良的Knop's培养基，配方同上。

孢子采集：将带有成熟孢子囊的孢子叶放入纸袋或大信封中，待孢子囊自然干燥开裂，孢子散落在纸袋中，最后用纸袋将孢子包好，存放于4 ℃冰箱内。

孢子接种和培养：取少量孢子，放入10 mL离心管内，用无菌水浸泡24 h，再用5%的次氯酸钠溶液消毒3～5 min，然后用无菌水洗涤3～5次，每次5～10 min，最后用无菌水制成孢子悬液，均匀接种到Knop's琼脂培养基上，25 ℃下连续光照培养，光照强度控制在1000 lx左右。可根据教学需要，分不同阶段培养，以便上实验课时可同时得到丝状体、片状体、原叶体及幼孢子体等。

4.3 植物学实验常用试剂的配制

4.3.1 常用显微镜镜头清洁剂

将乙醚和乙醇按 7∶3 混合，装入滴瓶备用，用于擦拭显微镜镜头上的油迹和污垢等。注意瓶口必须塞紧以免挥发。

4.3.2 常用染色溶液

1. 番红染液

(1) 番红水溶液：称取番红 0.5 g 或 1 g，溶于 100 mL 蒸馏水中，配制成 0.5%或 1%的溶液，过滤后即可。

(2) 番红醇溶液：称取番红 1 g 或 0.5 g，溶于 100 mL 50%乙醇中，过滤后即可。

番红为碱性染料，适用于染木化、角化、栓化的细胞壁，细胞核中染色质、染色体和花粉外壁等都可染成鲜艳的红色。番红能与固绿、苯胺蓝等做双重染色，与橘红 G、结晶紫做三重染色。

2. 固绿染液

称取固绿 0.1 g，溶于 100 mL 95%乙醇中，过滤后使用。

固绿为酸性染料，能将细胞质、纤维素细胞壁染成鲜艳绿色，着色很快，故要很好地掌握着色时间。一般现配现用效果好。

3. 碘-碘化钾(I_2-KI)溶液和稀碘液

先取 3 g 碘化钾，溶于 100 mL 蒸馏水中，再加入 1 g 碘，溶解后即成为碘-碘化钾溶液。它能将蛋白质染成黄色。如用于淀粉的鉴定，还可以稀释成稀碘液，即将碘-碘化钾溶液稀释 3～5倍。如果用于观察淀粉粒上的轮纹，需稀释 100 倍以上，观察结果更加清晰。

4. 苏木精染液

常用的苏木精染液配方有以下 3 种。

(1) 爱氏(Ehrlich)苏木精：取苏木精 1 g、无水或 95%乙醇 50 mL、蒸馏水 50 mL、甘油 50 mL、冰醋酸 5 mL、硫酸铝钾(明矾)3～5 g，将 1 g 苏木精溶解于乙醇中，然后依次加入蒸馏水、甘油和冰醋酸，最后加入研碎的明矾，甘油可以微热，注意边加边搅拌，直至瓶底出现铁矾结晶为止。混合后的溶液呈淡红色，放入棕色广口瓶中，用纱布或棉花塞封口，自然氧化 1～2 个月，可经常振荡溶液以加速苏木精的氧化成熟，至溶液颜色为深红色时即可过滤成原液备用。若加 0.2 g 碘酸钠即可立即成熟，成熟后的原液必须密封并置于低温暗处，可长期保存。使用时以原液 1 份加入 50%乙醇与冰醋酸等量混合液 1 份或 2 份，染色时间通常是 15～40 min。爱氏苏木精染液可以重复使用，可用另一个容器将换下的染液装好备用。

(2) 苏木精水溶液：取 0.5 g 苏木精，溶于 100 mL 煮沸的蒸馏水中，静置 1 d 后即可使用。

(3) 铁矾苏木精：① 甲液(媒染剂)：铁明矾(硫酸铁铵)4 g、蒸馏水 100 mL、冰醋酸 1 mL、硫酸 0.12 mL。甲液必须保持新鲜，最好临用配制。② 乙液(染色剂)：取苏木精 0.5～1 g、95%乙醇 10 mL、蒸馏水 90 mL，混合。乙液配好后，瓶口用纱布包扎静置，以防尘通气，使其慢慢氧化,1～2 个月溶液氧化成熟变成深红色后,可再加入蒸馏水然后密封,置于冰箱中可长期保存。如急用,可加入 3～5 mL 过氧化氢溶液促其氧化成熟,但如果红色消失则已失效。染色时,切片需先经甲液媒染,并充分水洗后才能以乙液染色,染色后经水稍洗再用另一瓶甲液分色至适合程度。铁矾苏木精染液为细胞学上染细胞核内染色质最好的染色剂,但要注意甲液与乙液在任何情况下绝不能混合。

5. 醋酸洋红液

将 100 mL 45%的醋酸水溶液放在 200 mL 锥形瓶中,煮沸 30 s,移去火苗,然后慢慢分多次加入 1 g 洋红粉末(注意不能一下倾入,以防溅沸)。全部投入后,再煮 1～2 min,并悬一枚生锈的小铁钉于染液中,过 1 min 后取出,或加入氢氧化铁的 50%醋酸饱和溶液 1～2 滴(不能多加,以免产生沉淀),使染色剂略含铁质,以增进染色性能。静置 12 h 后,过滤于棕色瓶中备用(避免阳光直射)。

6. 铁明矾媒染液

称取 4 g 铁明矾,溶于 100 mL 蒸馏水中,过滤后备用。

7. 间苯三酚染液

称取 5 g 间苯三酚,加入 100 mL 95%乙醇中溶解。注意溶液呈黄褐色即失效,用来染木质化的细胞壁,在酸性条件下,可使木质化成分变成红色。

8. 苏丹Ⅲ(或Ⅳ)染液

有两种配法:① 称取苏丹Ⅲ(或Ⅳ)0.1 g,溶于 20 mL 95%乙醇中即可;② 先将 0.1 g 苏丹Ⅲ(或Ⅳ)溶解在 50 mL 丙酮中,再加入 70%乙醇 50 mL,即可使用。储存于棕色瓶中,可保存 2 个月。

9. 龙胆紫染液

取 0.2 g 龙胆紫,溶于 100 mL 蒸馏水中。龙胆紫是一种碱性染料,可染细胞核、染色质、纺锤丝、线粒体等。现常用结晶紫代替。

10. 中性红(neutral red)溶液

用于染细胞中的液泡,可鉴定细胞死活。配方:中性红 0.1 g 加蒸馏水 100 mL,使用时再稀释 10 倍左右。

11. 曙红(伊红,eosin Y)乙醇溶液

常与苏木精对染,能将细胞质染成浅红色,起衬染作用。配方:曙红 0.25 g 加 95%乙醇 100 mL。也常用于 95%乙醇脱水时,加入少量曙红溶液,其目的是在包埋、切片、展片、镜检时便于识别材料。

12. 改良苯酚品红染液

本溶液为核染色剂,配制步骤:先配成 3 种原液,再配成染液。

原液 A:3 g 碱性品红溶于 100 mL 70%乙醇中。

原液 B:取原液 A 10 mL,加入 90 mL 5%苯酚水溶液中。

原液 C:取原液 B 55 mL,加入 6 mL 冰醋酸和 6 mL 福尔马林(38%甲醛溶液)。

原液 A 和原液 C 可长期保存,原液 B 限两周内使用。

染液:取原液 C 10～20 mL,加 45%冰醋酸 80～90 mL,再加山梨醇 1～1.8 g,配成10%～20%的苯酚品红液,放置两周后使用,效果显著(若立即用,则着色能力差)。

适用范围:适用于植物组织压片法和涂片法,染色体着色深,保存性好,使用 2～3 年不变质。山梨醇为助渗剂,兼有稳定染液的作用。假如没有山梨醇也能染色,但效果较差。

4.3.3 常用固定液和离析液

1. FAA 固定液(又称万能固定液)

福尔马林 5 mL、冰醋酸 5 mL、70%乙醇 90 mL,还可加 5 mL 甘油。幼嫩材料用 50%乙醇代替 70%乙醇。

2. FPA 固定液

甲醛 5 mL、丙酸 5 mL、70%乙醇 90 mL,用于固定一般的植物材料,通常固定 24 h,效果比 FAA 固定液好,并可长期保存。

3. 卡诺固定液

配方一:无水乙醇 3 份加冰醋酸 1 份。

配方二:无水乙醇 6 份、冰醋酸 1 份加氯仿 3 份。

卡诺固定液是研究植物细胞分裂和染色的优良固定液,材料固定后,用 95%乙醇和 85%乙醇浸洗,清洗 2～3 次,也可转入 70%乙醇中保存备用。

4. 铬酸-醋酸固定液

根据固定对象的不同,可分强、中、弱 3 种不同的配方。

(1) 弱液配方:10%铬酸 2.5 mL、10%醋酸 5.0 mL、蒸馏水 92.5 mL。

(2) 中液配方:10%铬酸 7 mL、10%醋酸 10 mL、蒸馏水 83 mL。

(3) 强液配方:10%铬酸 10 mL、10%醋酸 30 mL、蒸馏水 60 mL。

弱液用于固定较柔嫩的材料,如藻类、真菌类、苔藓植物和蕨类的原叶体等,固定时间较短,一般为数小时,长时可固定 12～24 h,但藻类和蕨类的原叶体可缩短为几分钟到 1 h。中液用于固定根尖、茎尖、小的子房和胚珠等,固定时间为 12～24 h 或更长。强液适用于固定木质的根、茎和坚韧的叶子、成熟的子房等,固定时间为 12～24 h 或更长。为了易于渗透,可在中液和强液中另加入 2%的麦芽糖或尿素。

5. 鲁哥氏固定液

称取 6 g 碘化钾(KI)并溶于少量水(10～20 mL)中,待其完全溶解后,加入 4 g 碘(I_2)充分摇动,待碘完全溶解后定容到 100 mL。

6. 戊二醛-锇酸

用于透射电镜及扫描电镜样品的固定,称为戊二醛-锇酸双固定法。使用时用 2.5%戊二醛溶液先固定 2 h 或过夜,用缓冲液充分清洗后,再用 1%锇酸溶液固定 2 h。

7. 铬酸-硝酸离析液

铬酸为三氧化铬的水溶液。将铬酸与浓硝酸等量混合均匀后再使用。它适用于对导管、管胞、纤维等木质化的组织进行离析。

8. 盐酸-乙醇离析液

将浓盐酸、95%乙醇等量混合备用,一般用于离析根尖细胞。本离析液常用于根尖等细胞的涂片,它能使细胞壁中层(果胶质)溶解,而使细胞分开。

9. 醋酸乙醇溶液(离析液)

醋酸与无水乙醇等体积混合。

10. 盐酸(水解液)

(1) 1 mol/L 盐酸配方:取浓盐酸(相对密度为 1.19)82.5 mL,用蒸馏水定容至1000 mL。

(2) 0.2 mol/L 盐酸配方:取浓盐酸(相对密度为 1.19)16.5 mL,用蒸馏水定容至1000 mL。

盐酸水解时间对染色效果影响很大。水解时间短,易着色但较难压片;水解时间长,染色慢而色淡;超过 20 min 或水解温度过高,往往染色极淡或染不上色。各种材料最合适的水解时间有差别。一般来说,大染色体材料水解时间可较长,小染色体材料宜短。改用 0.2 mol/L 盐酸于 60 ℃恒温下水解 10～15 min,对各种类型材料都能获得细胞分离和染色的较好效果。

4.3.4 其他试剂

1. 间苯三酚溶液

取间苯三酚 2 g,加 95%乙醇将其溶解成 100 mL 溶液即可。

2. α-萘酚试剂

称取 1.5 g α-萘酚,溶于 10 mL 95%乙醇中。滴加本试剂 1～2 min 后,再加 80%硫酸 2 滴。

3. 水合氯醛试剂

称取 50 g 水合氯醛,加 15 mL 蒸馏水,再加 10 mL 甘油,使其溶解。

4. 氯化三苯基四氮唑(TTC)溶液

TTC 溶液通常配成 1%水溶液(pH 6.5～7.0)保存。如果水溶液的酸碱度不在上述范围内,则 TTC 应溶解在磷酸盐缓冲液中,其缓冲液的配制如下。

溶液 A:在 1000 mL 水中溶解 9.078 g KH_2PO_4。

溶液 B:在 1000 mL 水中溶解 11.876 g Na_2HPO_4。

取溶液 A 400 mL 和溶液 B 600 mL,混合即得磷酸盐缓冲液。

将 10 g TTC 溶解于按上法配制的 1000 mL 磷酸盐缓冲液中,即得到 pH 7.0 的 1.0% TTC 溶液。将配好的溶液储存在黑暗处或棕色瓶里,以免受光照而变质。这种溶液可在室温下保存几个月,但每次用过后即作废。

5. 稀甘油

量取 33 mL 甘油,用蒸馏水定容至 100 mL,再加 1 滴液化苯酚摇匀。

6. 甘油-醋酸试剂

取甘油、50%醋酸和水按 1∶1∶1 体积比混合。

7. 甘油冻胶

取明胶 5 g、甘油 35 mL、苯酚 1 g、蒸馏水 30 mL,混合。

8. 甘油-乙醇软化剂

甘油与 50%或 70%乙醇按 1∶1 体积比混合,适用于木材的软化。将木质化根、茎等材料排除空气后浸入软化液中,时间至少一周,也可将材料保存于其中备用。

9. 预处理液

用于根尖压片的前处理,能使细胞有丝分裂染色体缩短。

(1) 0.002 mol/L 8-羟基喹啉水溶液:称取 0.29 g 8-羟基喹啉,溶于 1000 mL 蒸馏水中。

(2) 对二氯苯饱和水溶液:将对二氯苯加入蒸馏水中,搅拌至不再溶解为止,即成饱和水溶液。

10. 各级乙醇的配制

由于无水乙醇价格较高,故常用 95%乙醇配制。配制方法很简便,用 95%乙醇加上一定量的蒸馏水即可。所需加水量(按配制 100 mL 乙醇计)可按下列公式推算：

所需加水量=(原乙醇浓度(95%)-最终乙醇浓度)×100 mL

表 4-2 为常用乙醇配制表。

表 4-2 各级乙醇配制表

最终乙醇浓度	95%乙醇用量/mL	蒸馏水量/mL
85%	85	10
70%	70	25
50%	50	45
30%	30	65

11. 0.7%生理盐水

取 NaCl 0.7 g，溶于 100 mL 蒸馏水中。

12. 1%硝酸银溶液

称取 1 g 硝酸银，溶于 100 mL 蒸馏水中。

13. 碘酒

取碘 2 g 和 KI 1.5 g，先加入少量的 75%乙醇搅拌，待溶解后再用 75%乙醇稀释至 100 mL。

14. 封固剂

(1) 加拿大树胶：将固体的加拿大树胶块溶解于二甲苯或正丁醇中，浓度要适当(注意绝对不能混入水或乙醇)。它是玻片标本好的封固剂，也可用人工合成的中性树胶代替。

(2) 乳酸甘油：苯酚 1 份，乳酸 1 份，丙三醇 1 份或 2 份，蒸馏水 1 份，混匀。本封固剂适用于整体封藏，如藻、花粉粒、表皮封片及其他小材料的封藏。

15. 明胶粘贴剂

明胶 1～2 g，苯酚 2 g，蒸馏水 100 mL，甘油 15 mL。配法：先将蒸馏水加热至30～40 ℃，慢慢加入明胶，待全部溶解后，再加入苯酚和甘油，搅拌至全溶为止，然后用纱布过滤，滤液储存于瓶中备用。

16. 腊叶标本消毒剂

对于少量植物腊叶标本，可以采用紫外线消毒。如果是大量标本或标本库的消毒，现在多用磷化铝熏蒸的方法，要注意密封所有的门窗，并在房间外面竖立警示牌。在消毒期间，严禁一切人员入内，以防中毒事件的发生。

17. 重铬酸钾清洁剂

玻璃器皿等均应保持清洁，一般用清水洗即可，必要时，可用重铬酸钾清洁剂清洗。器皿在清洁剂中浸泡 10 min，然后清水冲洗即可。重铬酸钾清洁剂分为强、中、弱三种，配方如下。

(1) 强洗液配方：重铬酸钾 150 g，蒸馏水 300 mL，浓硫酸 3000 mL。将重铬酸钾加入蒸馏水中，使之自然溶解或水浴溶解，也可在大坩埚中加热溶解，然后慢慢加入浓硫酸，边加边搅拌，见发热过剧则稍停，冷却后再继续加。

(2) 中洗液配方：浓硫酸 45%，蒸馏水 50%，重铬酸钾 5%。

(3) 弱洗液配方：取重铬酸钾 100 g，加蒸馏水 1000 mL，加热溶解，冷却后缓慢加入工业硫酸 100 mL，为棕红色。使用此液时，必须预先用热肥皂水将玻璃器皿洗净，经自来水冲洗、沥干，然后才能浸入，否则该洗液很快失效。

切记:要把浓硫酸加到水里,不能把水加入浓硫酸。盛清洁剂的容器要坚固,上加厚玻璃盖。操作时要穿橡皮围裙、长筒胶靴,戴上眼镜和厚胶皮手套,以保安全。洗液一旦变绿,即表示铬酸已经还原,失去了氧化能力,不宜再用。如将此洗液加热,再加适量重铬酸钾,可重新使用。

4.4 常用的植物学实验教学仪器

1. 显微镜

植物学实验中常用普通光学显微镜,它是研究植物细胞结构、组织特征和器官构造的不可或缺的重要工具。

2. 解剖镜

解剖镜即实体显微镜,是研究植物微小结构、观察植物体表特征的重要显微镜,如用于观察花器官、表皮毛等。

3. 恒温培养箱

温度调节范围通常为 25~60 ℃,一般用于种子萌发、材料离析、低等植物培养以及制片时的浸蜡等。

4. 人工气候箱

人工气候箱主要用于培养藻类植物、苔藓植物、蕨类植物配子体及种子植物等实验材料及组织培养。

5. 冰箱

冰箱主要用于实验药品、试剂盒、新鲜材料在低温或冷冻条件下保存。

6. 旋转切片机

将切片刀固定在刀架上,将材料预先用石蜡包埋,切片时将材料放置在夹钳上,利用手摇或电力带动转轮,使刀刃切下所需石蜡切片,这种切片机可以切制连续蜡带。制作石蜡切片,目前多用这种切片机。

7. 冷冻切片机

通常是在切片机上装一个冷冻装置。

8. 其他常用器具

(1) 载玻片:通用的为 25 mm×75 mm,厚度为 1.1~1.5 mm。

(2) 盖玻片:常用的有方形、矩形等规格。方形多为 8 mm×8 mm 和 22 mm×22 mm 两种,矩形的多为 22 mm×30 mm 或 22 mm×40 mm 等,厚度均为 0.17 mm 的标准厚度。

(3) 培养皿:可按需要备有(60~120) mm×15 mm 的数套。

(4) 量筒:一般备有 10 mL、50 mL、100 mL、1000 mL 四种即可。

(5) 漏斗:可备用上口直径为 55 mm 和 100 mm 的两种。

(6) 试管:通用 ϕ20 mm×150 mm 试管。

(7) 烧杯:备有各种规格(容积在 30~1000 mL)。

另外,还需备有解剖盘、解剖剪、树枝剪、单面刀片、双面刀片、镊子、放大镜、毛笔、酒精灯、纱布等常用器具。

下　篇

植物学实验

5 植物形态结构与发育

 实验1　植物细胞结构的显微观察

一、目的与要求

(1) 能正确、熟练地使用显微镜观察植物材料。

(2) 学会几种临时装片的制作。

(3) 掌握植物细胞的基本结构。

二、实验原理

植物学实验常用的显微镜分为普通光学显微镜和实体显微镜(即解剖镜)。本实验将学习普通光学显微镜和解剖镜的结构、使用和保养方法。详情可参考上篇光学显微镜及其操作技术部分。

细胞是植物体的基本结构单位,也是植物生命活动的基本功能单位。根据细胞的结构和生命活动的方式,可以将细胞分为原核细胞和真核细胞两大类。高等植物以及绝大多数低等植物均由真核细胞构成。原核细胞无细胞核的分化,无核膜,遗传信息载体仅为一个环状DNA,没有以膜为基础的特定细胞器的分化。真核细胞一般由原生质体 (protoplast) 和细胞壁 (cell wall) 两大部分组成。原生质体包含细胞膜、细胞质、细胞核、细胞器四部分,细胞器又包括质体、液泡、内质网、核糖体等。

三、试剂与器具

(1) 试剂:二甲苯、0.2% I_2-KI染液。

(2) 器具:显微镜、擦镜纸、镊子、刀片、载玻片、盖玻片、解剖针、培养皿、吸水纸。

四、实验材料

(1) 新鲜材料:洋葱鳞茎、红辣椒、菠菜(或小白菜、木耳菜)、大白菜菜心(黄白色叶子,不见光部分)、吊竹梅叶片、黑藻(又称水王荪)、松茎离析材料。

(2) 永久制片:柿胚乳制片。

五、内容和方法

1. 植物细胞基本结构的观察

在载玻片上滴一小滴水,用刀片在洋葱鳞茎内表皮轻轻切一个边长为3～5 mm的正方形

并用镊子撕下表皮(或者用镊子撕下吊竹梅叶片的叶基部分的下表皮),将表皮浸入水滴内,表皮的外面应朝上。如果发生卷曲,应细心地用解剖针将它展开,并盖上盖玻片。

加盖玻片的方法是先从一边接触水滴,另一边用针顶住慢慢放下,以免产生气泡。如盖玻片内的水未充满,可用滴管吸水从盖玻片的一侧滴入;如果有气泡,可用镊子轻压盖玻片,将气泡赶出(或重新做一次)。如果水太多而渗出盖玻片,可用吸水纸将多余的水吸去。至此临时装片制成,接下来就可以进行镜检。

将临时装片置于显微镜下,先用低倍镜观察洋葱表皮细胞的形态和排列情况:细胞呈长方形,排列整齐、紧密。然后从盖玻片的一边加上一滴 I_2-KI 染液,同时用吸水纸从盖玻片的另一侧将多余的染液吸去(另一种方法是把盖玻片取下,用吸水纸把材料周围的水分吸去,然后滴上一滴染料,经 2~5 min,加上盖玻片即可)。细胞染色后,在低倍镜下选择一个比较清楚的区域,把它移至视野中央,再转换高倍镜仔细观察一个典型植物细胞的构造,如图 5-1 和图 5-2 所示,识别下列各部分。

(1) 细胞壁:洋葱表皮每个细胞周围有明显界限,被 I_2-KI 染液染成淡黄色(图 5-1(a)),即为细胞壁。由于细胞壁是无色、透明的,因此观察时细胞上面与下面的平壁不易看见,而只能看到侧壁。

(2) 细胞核:在细胞质中,可看到一个圆形或卵圆形的球状体,被 I_2-KI 染液染成黄褐色,即为细胞核(图 5-1(a))。细胞核内有一至多个染色较淡且明亮的小球体,即为核仁。幼嫩细胞,核居中央;成熟细胞,核偏于细胞的侧壁,多呈半球形或纺锤形。

(3) 细胞质:细胞核以外,紧贴细胞壁内侧的无色透明的胶状物,即为细胞质(图 5-1(b)),I_2-KI 染液染色后,呈淡黄色,但比壁还要浅一些。在较老的细胞中,细胞质是紧贴细胞壁的一薄层,在细胞质中还可以看到许多小颗粒,是线粒体、白色体等。

(4) 液泡:液泡为细胞内充满细胞液的腔穴,在成熟细胞里,可见一个或几个透明的大液泡,位于细胞中央(图 5-1(b))。注意在细胞角隅处观察,把视野适当调暗,反复旋转细调焦螺旋,能区分出细胞质与液泡间的界面。

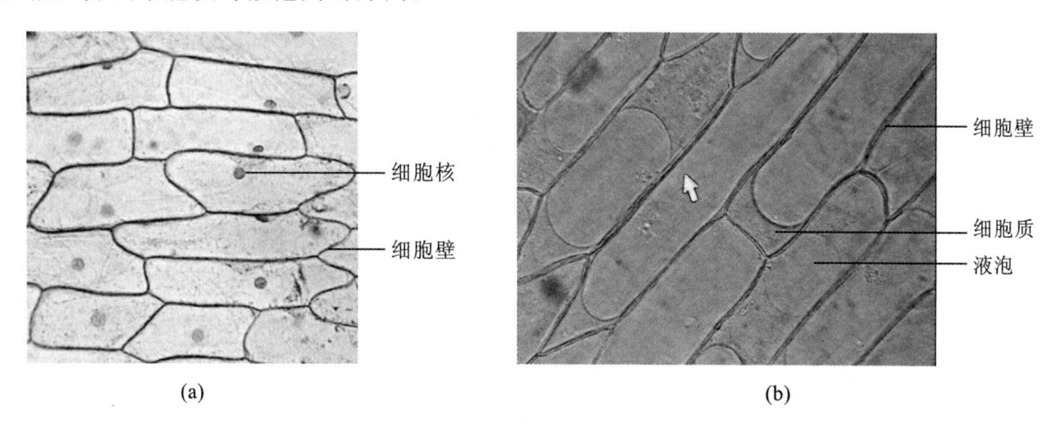

图 5-1 洋葱鳞茎表皮细胞结构图

在观察过程中,有的表皮细胞中看不到细胞核,这是因为在撕表皮时把细胞撕破,有些物质已从细胞中流出。

2. 质体的观察

1) 叶绿体

用镊子撕取吊竹梅(或菠菜、小白菜、新鲜木耳菜)叶片或斜切成小条形制成临时装片

(图 5-2),置于显微镜下观察。可见叶片的薄壁细胞中都有大量椭圆形的绿色颗粒状结构,即为叶绿体。在其他绿色植物的叶片中,也可看到不同形状的叶绿体。

用镊子撕取水生植物黑藻植株顶端的叶片,制成临时装片,置于显微镜下观察。可见叶片的薄壁细胞中都有大量椭圆形的绿色颗粒状结构,即为叶绿体。有的还可以观察到叶绿体在细胞内围绕细胞缓缓地不断移动。

2) 有色体

用镊子撕取一小块红辣椒果皮,用刀片轻轻地刮去果肉,制成临时装片,置于显微镜下观察,可清楚地看到细胞质中有许多红色的小颗粒,即为有色体。

也可以用镊子直接撕取一小块红辣椒内果皮,放到载玻片的水滴上,盖上盖玻片,制成临时装片,置于显微镜下观察,可清楚地看到细胞质中有许多红色的小颗粒,即为有色体(图 5-3)。同时在两细胞相邻的细胞壁上可看到一些呈念珠状的部位。在这些部位初生细胞壁上具有明显凹陷的区域,即为初生纹孔场(或称原纹孔)。相邻细胞的初生纹孔场常相对发生,胞间连丝穿过初生纹孔场沟通两个相邻细胞。

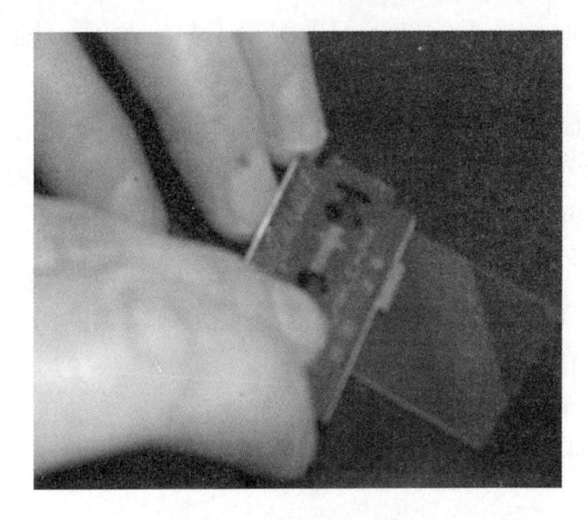

图 5-2　叶绿体的制片

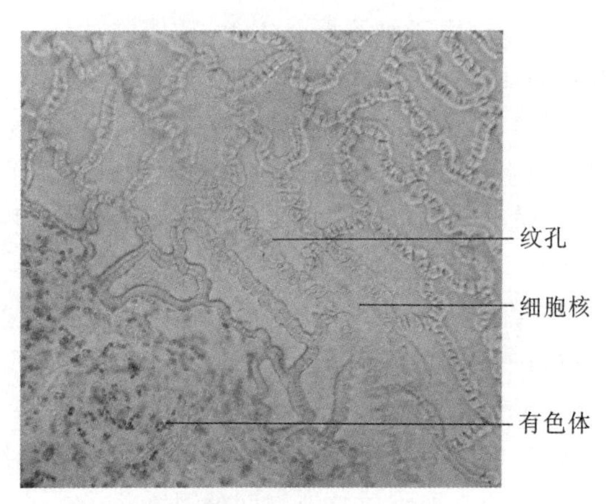

图 5-3　辣椒内果皮的细胞上的初生纹孔场

3) 白色体

白色体是不含色素的质体,所以无色。白色体多存在于植物的幼嫩细胞或不见光的细胞中,实验时可取大白菜菜心中黄色部位的叶片做徒手切片,或者撕取表皮,用蒸馏水装片,置于显微镜下观察,在细胞质中无色的颗粒即为白色体。

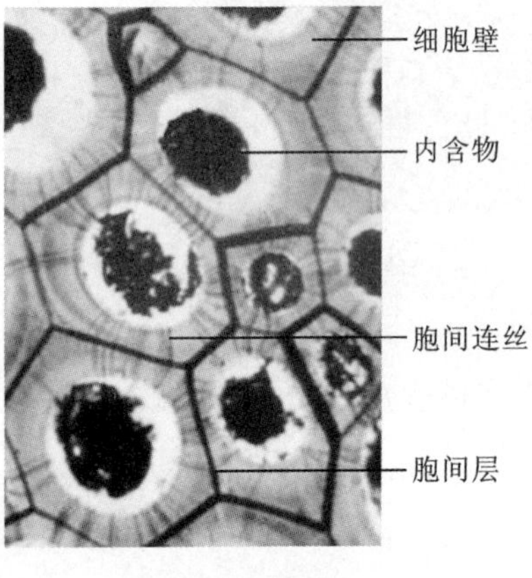

3. 纹孔与胞间连丝

1) 纹孔

在上述红辣椒果皮(图 5-3)或洋葱鳞茎表皮制片中,均可在细胞侧壁上观察到两相邻细胞的细胞壁上呈念珠状的部位,在发生相对凹陷处即为单纹孔,注意观察其中是否有纹孔膜存在。

另取松茎离析管胞制片,在管胞壁上可见呈同心圆状的具缘纹孔。

2) 胞间连丝

观察柿胚乳制片(图 5-4),柿胚乳细胞呈多边形,可见胞间层较薄,色深,初生壁很厚,细胞腔很小,近于圆形(有

细胞壁
内含物
胞间连丝
胞间层

图 5-4　柿胚乳制片

时在制片过程中原生质体被洗掉而呈空白透明状，有些没洗掉的原生质体则呈深色凝聚状）；在高倍镜下仔细观察，可见到相邻两个细胞壁上有许多胞间连丝穿过，这些胞间连丝是经过特殊染色加粗后显示出来的。

六、实验报告

（1）显微镜的构造分为哪几部分？各有什么作用？

（2）使用低倍镜及高倍接物镜观察切片时应特别注意什么？

（3）手工或者计算机绘制洋葱表皮细胞的结构图，包括细胞壁、细胞质、细胞核和液泡。

（4）手工或者计算机绘制吊竹梅叶片下表皮细胞的结构图，包括细胞壁、细胞质、细胞核和液泡（图 5-5）。

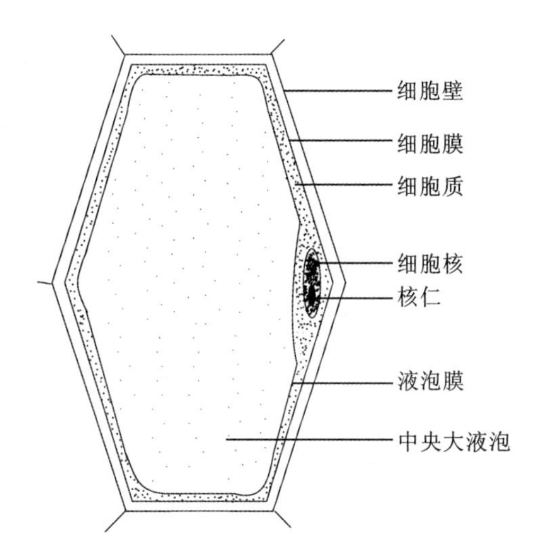

图 5-5　利用 Freehand 软件绘制的吊竹梅叶片基部下表皮细胞

实验2　植物细胞中后含物的显微观察

一、目的与要求

(1) 了解细胞后含物的几种类型。

(2) 认识几种常见的结晶体。

二、实验原理

后含物是指植物细胞中的代谢产物,它们可以在细胞一生中的不同时期出现或者消失,其中有的是储藏物质,有的是代谢废物。植物细胞中的后含物一般有糖类(包括淀粉和纤维素)、蛋白质、脂肪及其相关物质(包括角质、栓质、蜡质、磷脂等),此外还有无机盐和其他有机物,如单宁、树脂、橡胶和植物碱等。植物细胞中的后含物通常以特定的形式存在,如淀粉常形成淀粉粒,蛋白质多储藏于糊粉粒中,草酸钙或者碳酸钙的无机盐常形成各种结晶。根据结晶体的不同形态又可以将其分为簇晶、柱晶、方晶、针晶、砂晶等。植物体中各种形态的结晶体可作为鉴定各种植物药材,尤其是粉末药材的依据。

三、试剂与器具

(1) 试剂:0.2% I_2-KI染液、1%苏丹Ⅲ染液、水合氯醛。

(2) 器具:显微镜、酒精灯、擦镜纸、镊子、刀片、载玻片、盖玻片、解剖针、培养皿、吸水纸、牙签。

四、实验材料

(1) 新鲜材料:土豆、花生、仙人掌、鸭跖草(或吊竹梅、白花紫露草)叶片、洋葱(取干而薄的鳞茎外表皮)。

(2) 药材粉末:甘草粉末、射干粉末、半夏粉末、党参粉末。

(3) 永久制片:蓖麻种子永久制片。

五、内容和方法

1. 淀粉粒

将土豆块茎切成长3~5 cm,横切面约为5 mm×5 mm的小条,运用徒手切片的方法将材料切成薄片,注意完整且厚度均一,越薄越好。将切下的薄片放到盛有清水的培养皿中,用毛笔挑选最薄的制成临时装片。装片后用显微镜观察,可见细胞内有许多卵形、发亮的颗粒,这就是淀粉粒。许多淀粉粒分散在整个细胞内,还有许多淀粉粒从薄片切口散落到水中,把视野调暗些,还可看见淀粉粒上有轮纹(图5-6和图5-7),如用碘液染色则淀粉粒都变成蓝色。

观察淀粉粒,并注意比较没有染色的淀粉粒和用稀碘液(0.2% I_2-KI染液)染色后的淀粉粒的区别。

2. 蛋白质和脂肪

用刀片将花生种子的一片子叶做横切一分为二,取一半再做徒手横切片并放入装水的培养皿中,用毛笔挑取最薄的切片做成临时装片。加盖玻片,再在临时装片的一侧滴入稀碘液,

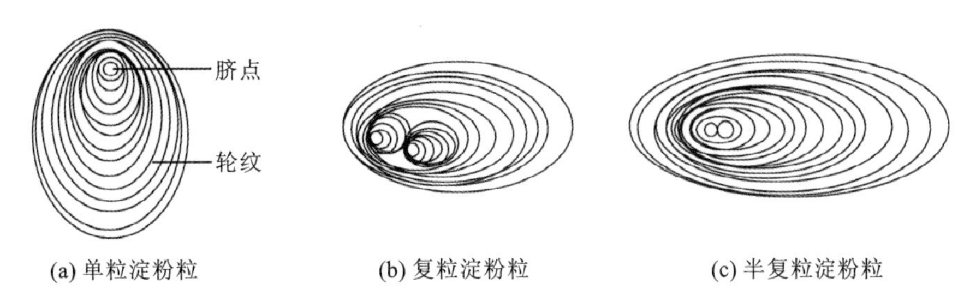

图 5-6 利用 Freehand 软件绘制的土豆淀粉粒

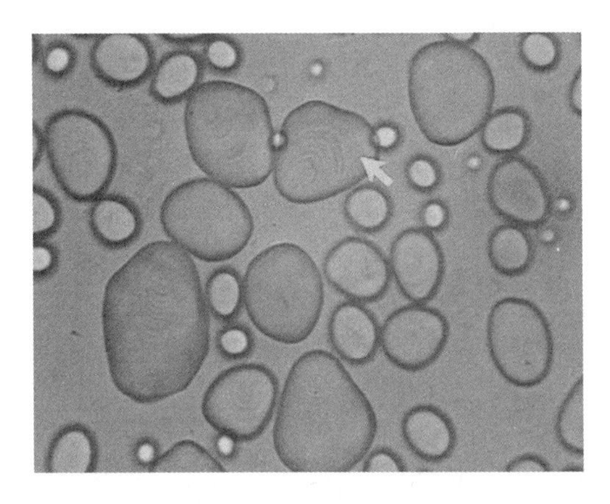

图 5-7 土豆淀粉粒

镜检观察糊粉粒和淀粉。在显微镜下，被染成淡黄色的圆球状颗粒就是蛋白质，即糊粉粒(图 5-8)，每个糊粉粒外为无定形蛋白，中间有 1～2 个球晶体或拟晶体；同时被染成紫蓝色的小颗粒就是花生子叶中的淀粉。在显微镜下对比观察蓖麻种子永久制片中的糊粉粒与淀粉粒。

在花生另一半子叶切面上刮取少许粉末做成临时装片，用 1% 苏丹Ⅲ染液染色，在酒精灯下微微加热，夏天室温较高时可不用加热，直接在显微镜下观察，细胞内或水溶液中有许多大小不等的球形及不规则的橙红色油滴，即脂肪(图 5-9)。

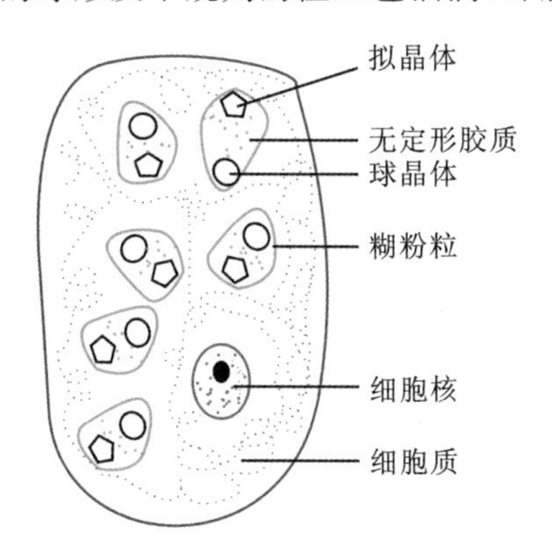

图 5-8 利用 CorelDRAW 软件绘制的蓖麻糊粉粒

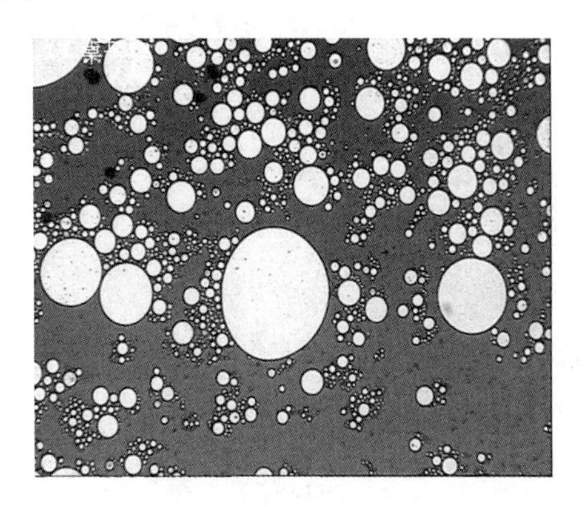

图 5-9 花生油滴

3. 晶体

1) 新鲜材料的晶体观察

(1) 针晶：用镊子撕取鸭跖草(或吊竹梅、白花紫露草)一小块叶下表皮，用清水封片后加盖玻片，观察其薄壁细胞内的针形结晶体，细胞内的针晶多密集在一团(图 5-10)，有时也会被挤压到细胞外呈分散状(图 5-11)。

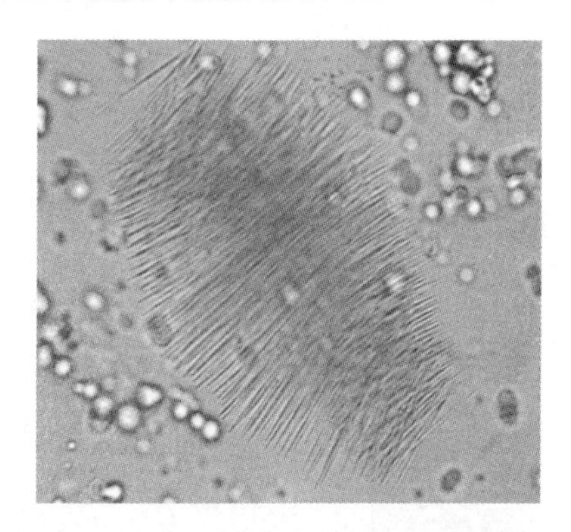

图 5-10　鸭跖草叶片中的针晶(细胞内)

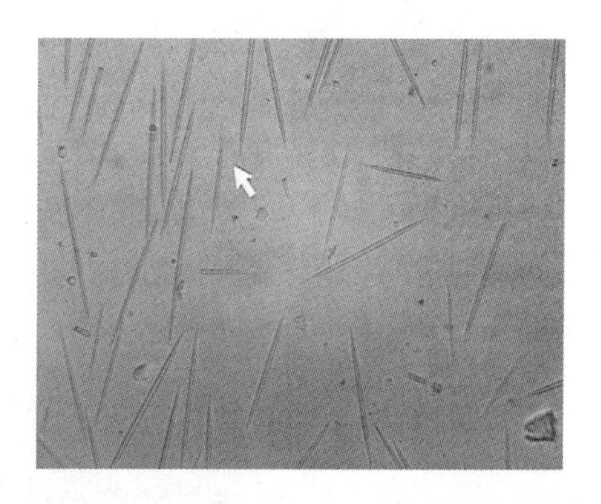

图 5-11　鸭跖草叶片中的针晶(细胞外)

(2) 簇晶:用刀片切取一薄片仙人掌的肉质茎,做成临时装片,观察其薄壁细胞内的结晶体(图 5-12)。

(3) 柱晶和方晶:取一小片薄且干的洋葱鳞茎,放在载玻片上,滴加清水,放上盖玻片做成临时装片,在高倍镜下可以看到洋葱细胞中长方形、正方形或多边形的单晶体(图 5-13)。

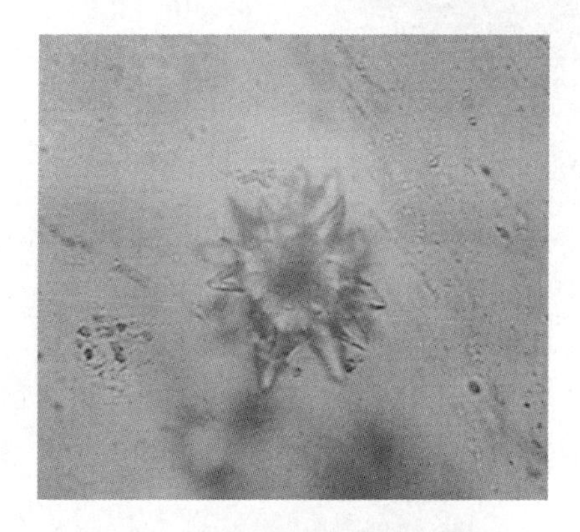

图 5-12　仙人掌肉质茎中的簇晶

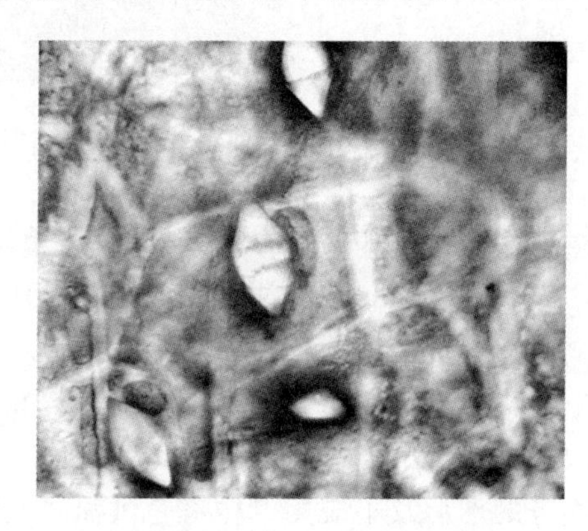

图 5-13　洋葱干鳞茎片中的晶体

2) 中药材粉末的晶体观察

用牙签分别挑取少许甘草粉末、射干粉末、半夏粉末和党参粉末,分别置于干净载玻片上,用水合氯醛封片,酒精灯上加热至微微冒热气后,加盖玻片,显微镜下观察甘草粉末晶鞘纤维中镶嵌的方晶(图 5-14)、射干粉末中的柱晶、半夏粉末中的针晶、党参粉末中的菊糖等。

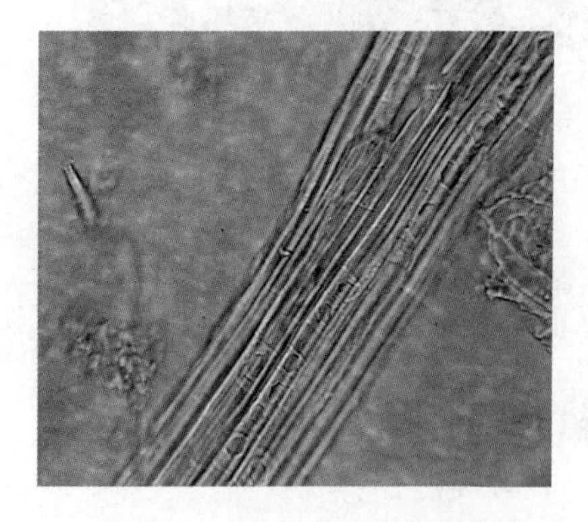

图 5-14　甘草粉末中的晶鞘纤维

六、实验报告

(1) 绘制土豆细胞内的淀粉粒。

(2) 绘制花生细胞内的油滴和糊粉粒。

(3) 绘制仙人掌叶肉细胞内结晶体。

(4) 绘制洋葱表皮细胞内的结晶体。

(5) 绘制甘草粉末内的结晶体。

(6) 如何通过实验鉴定淀粉、蛋白质和脂肪?

实验3　植物细胞的分裂

一、目的与要求

（1）掌握植物根尖细胞的有丝分裂各个时期染色体的变化及特征。

（2）熟悉植物根尖压片的基本技术。

（3）了解染色体简易永久制片的制作技术。

（4）了解植物减数分裂各阶段的主要特征。

二、实验原理

有丝分裂是植物细胞增殖的主要方式。在有丝分裂过程中，细胞核内的染色体能准确地复制，并能有规律地均匀分配到两个子细胞中去，使子细胞遗传组成与母细胞完全一样。植物细胞有丝分裂的过程分为分裂间期和有丝分裂期（包括前期、中期、后期、末期四个时期）。可以用高倍显微镜观察植物细胞有丝分裂的过程，根据各个细胞内染色体（染色质）的变化情况识别该细胞处于有丝分裂过程的哪个时期。一般最容易找到中期染色体（染色体的着丝点排列在细胞中央赤道面上）；后期染色体移向两极；末期两个新核正在形成；前期染色体分布散乱；间期细胞核大，细胞质浓。高等植物有丝分裂主要发生在根尖、茎生长点及幼叶等部位的分生组织，根尖取材容易操作且鉴定方便。通过对根尖的固定、染色和压片，可在显微镜下看到大量处于有丝分裂各个时期的细胞和染色体，观察染色体的变化特点和染色体的形态特征，进行染色体计数。

减数分裂是指有性生殖的个体在形成生殖细胞过程中发生的一种特殊分裂方式。不同于有丝分裂和无丝分裂，它是进行有性生殖的母细胞成熟、形成配子的过程中出现的一种特殊分裂方式，仅发生在生命周期某一阶段。减数分裂过程中染色体仅复制一次，细胞连续分裂两次，使最终形成的配子中染色体仅为性母细胞的一半。受精时雌雄配子结合，恢复亲代染色体数，从而保持物种染色体数的恒定。

细胞核内染色体容易被碱性染料（如龙胆紫溶液）着色。15%盐酸能够杀死和固定细胞，溶解细胞间质。为了获得更多的中期染色体图像，可以采用药物处理或冷冻处理的方法，阻止纺锤体的形成，使细胞分裂停止在中期，同时还可以使染色体缩短，易于分散，便于观察研究。另外，对细胞组织进行酸性水解或酸处理除去细胞之间的果胶层，并使细胞软化，便于细胞彼此分开，有利于压片和染色。

三、试剂与器具

（1）试剂：卡诺固定液、盐酸-乙醇离析液、龙胆紫溶液或醋酸洋红液。

（2）器具：显微镜、培养箱、恒温水浴锅、温度计、镊子、解剖针、刀片、载玻片、盖玻片、烧杯、量筒、大培养皿、纱布、吸水纸、铅笔、吸管。

四、实验材料

（1）新鲜材料：洋葱（或大蒜）根尖活材料或固定材料。

（2）永久制片：百合花粉母细胞减数分裂永久制片。

五、内容和方法

(一) 洋葱根尖有丝分裂的观察

1. 根尖的培养与取材

培养洋葱生根时,避免用新采收的洋葱,因它尚在休眠不易生根。如果必须用当年刚采收的新洋葱培养生根,则应设法打破它的休眠。常用的方法是用低浓度的赤霉素溶液浸泡洋葱底盘,这样可以促使其生根。培养过程中,注意每天至少换水一次,以防烂根。

对于头年收下的洋葱,可以采用如下方法促使它生根:选择底盘大的洋葱做生根材料,剥去外层老皮,用刀削去老根(从底盘中央向四周削),注意不要削掉四周的"根芽",用烧杯装满清水,放上洋葱,放置在光照处。水要保持清洁,注意每天换水 1～2 次。一般 2～3 d 即可获得实验所需材料(根长 5 cm)。

固定时间取材,洋葱根尖细胞有丝分裂的时间是有规律的,通常在每天上午 10 时至下午 2 时分裂活跃,尤其以在下午 2 时最为活跃,可在此时取材。可以把培养好的洋葱根取多枚,用卡诺固定液固定起来备用。

2. 离析

用刀片切下长 2～3 mm 的根尖,放入盛有盐酸-乙醇离析液的培养皿中,离析 5～8 min,使根尖组织的细胞相互分开,待根尖透明酥软即停止离析。如果要使离析加快,可以把培养皿放在酒精灯上微微加热(不可煮沸)3～5 min。待根酥软后,用镊子取出。

离析充分是实验成功的必备条件;离析的目的是用药液溶解细胞间质,使组织细胞相互分离开。

3. 漂洗

把取出的根尖放入清水漂洗约 10 min,也可以在培养皿口上蒙一层纱布,用自来水以细小的水流形式漂洗 3～5 min。

漂洗的目的是洗去根中多余的离析液。如果不把多余的离析液洗去,酸碱中和会影响染色效果,因为离析液中含有盐酸,而用来染色的染料呈碱性,另外还会腐蚀显微镜的镜头。

4. 染色

把漂洗好的根尖置于载玻片上,用镊子头截下长约 3 mm 的根尖,其余部分丢弃,在根尖上加一滴醋酸洋红液染色 3～5 min。如果要使染色加快,可把载玻片在酒精灯的火焰上快速过几下(不可煮沸)。

5. 制片

在染好色的材料上盖上盖玻片,上面再覆一片载玻片,用拇指轻轻压一下,使根尖组织成为均匀的细胞薄层。

6. 镜检

(1) 低倍镜观察:把制成的洋葱根尖装片先放在低倍镜下观察,慢慢移动装片,找到分生区细胞。其特点是:细胞呈正方形,排列紧密,有的细胞正在分裂。

(2) 高倍镜观察:找到分生区细胞后,把低倍镜移走,换上高倍镜,用细调焦螺旋和反光镜把视野调整清晰,直到看清细胞物像为止。仔细观察并区分细胞分裂中各个时期内染色体变化的特点。可先找出处于细胞分裂中期的细胞,然后再找出处于前期、后期、末期的细胞,处于间期的细胞数目最多,最容易找到。

在一个视野里,往往不容易找全有丝分裂过程中各个时期的细胞。如果是这样,可以慢慢地移动装片，从邻近的分生区细胞中寻找。

7. 制片

由临时压片材料做成永久玻片标本，一般以正丁醇法最为简单可靠。

正丁醇法制片步骤如下：首先取 4 个大培养皿，分别装入表 5-1 所示的 4 种溶液；然后将装有材料的临时压片按照表 5-1 中的步骤 1～4 分别处理不同时间；最后取出放置 5～10 s 后，用加拿大树胶封片，自然干燥 1～2 d，即可制成永久玻片。

表 5-1 正丁醇法永久制片所用溶液及时间

步骤	溶液	时间/min
1	3/4 95%乙醇+1/4 冰醋酸	5～10
2	2/3 95%乙醇+1/3 正丁醇	3
3	1/3 95%乙醇+2/3 正丁醇	3
4	纯正丁醇	3

8. 注意事项

(1) 培养洋葱根尖的材料是洋葱鳞茎。鳞茎底部接触水，不能离开水，也不能被水淹。其目的是同时满足其对水和空气的需要。要经常换水，因为水中微生物的活动和根细胞的活动，代谢产物增多，还由于根细胞的呼吸不断产生 CO_2，使水中 H_2CO_3 增多，氧气减少，此外，微生物（如细菌）的大量繁殖也使水质受到污染，这些都不利于根尖生长。一天至少换水一次，还要提供适宜的温度。

(2) 剪取洋葱根尖材料时，应该在一天之中洋葱分裂最活跃的时间。一般在上午 10—11 时。在细胞有丝分裂最旺盛时取材，放入盛有固定液的培养皿中固定，浸泡 0.5～1 d。固定后用 75%乙醇冲洗几次，再放入盛有 70%乙醇的小广口瓶中保存。注意要等根尖长到 1～5 cm 时才能切取，而切取的洋葱根尖长度为 2～3 mm。根据实验得知，根长到 1～5 cm 时，根的长势最佳，此时细胞分裂最旺盛，容易找到不同时期的分裂图像。此时可取生长健壮的根进行观察，切取洋葱根尖 2～3 mm，这个长度要从根的顶端（根冠）算起，这个长度已将分生区包括进来了。若取材过长，在低倍镜下寻找分生区就会很困难。

(3) 根尖培养好以后，装片制作是否成功，关键的步骤是离析。离析液中 15%的盐酸能溶解细胞壁之间的中层物质（胞间质），使组织中的细胞相互分开。否则，在显微镜下观察时，细胞将发生重叠现象，导致实验失败。离析不充分则细胞重叠，离析过度则细胞会腐烂，所以离析要适度。离析时间要视室内温度而定，温度低则时间稍长，温度高则时间稍短。也可手拿镊子，轻轻按正在离析的根尖，感觉酥软即可。

(4) 染色时，必须掌握好染液的浓度和染色时间。特别是染色不能过深，否则镜下一片紫色，无法观察；也不能过浅，否则染色质和染色体的形态和数目不易辨清。

(5) 制片时，一方面要用镊子把洋葱根尖弄碎，另一方面要压片，这样可以使细胞分散开来。压片时，在盖玻片上再加一块载玻片的目的：一是避免压碎和移动盖玻片；二是使压力均匀，从而使组织细胞均匀分散。同时用力必须适度，过重时会将组织压烂，过轻则细胞未分散开，二者都将影响观察。

(6) 结果观察时，在显微镜的一个视野中看到的细胞，多数处于细胞有丝分裂的间期，因为在一个细胞周期中，间期占 90%～95%。时间与细胞数目成正比。

(二) 百合花粉母细胞减数分裂过程的观察

植物细胞减数分裂通常发生在花粉母细胞形成小孢子、胚囊母细胞形成大孢子的过程中。一般以百合花粉母细胞为实验材料进行观察，取百合花粉母细胞减数分裂不同阶段的永久制片来观察各个分裂时期。

(1) 前期Ⅰ：包括一系列复杂的变化过程，但核仁及核膜一直存在。可细分为5个时期：①细线期，染色体呈细丝状，缠绕于核仁的一侧；②偶线期，染色体松散、增粗并配对；③粗线期，染色体继续缩短增粗，有纵裂、交叉；④双线期，染色体进一步缩短变粗，同源染色体开始分离，出现"X""V"等形态；⑤终变期，染色体缩至最短，两两配对明显。

(2) 中期Ⅰ：核仁及核膜消失，纺锤体出现，染色体仍为最短、粗的状态，从侧面可看到它们整齐排列在赤道面上。

(3) 后期Ⅰ：染色体分为两组(每组数目为分开前的一半)，分别向两极移动。

(4) 末期Ⅰ：染色体到达两极，解旋并凝聚成团，重新出现核膜与核仁，形成两个子细胞核。出现明显的细胞板或形成新的细胞壁，将细胞分隔为二分体。

(5) 前期Ⅱ：持续时间较短，染色体呈细丝状。

(6) 中期Ⅱ：两个子细胞中的染色体缩短变粗后，排列于各自的赤道面上，纺锤体重新出现。

(7) 后期Ⅱ：子细胞中的染色体分为两组(每组数目与分开前相同)，各自游向两极。

(8) 末期Ⅱ：染色体到达两极，解旋并凝聚成团，重新出现核膜与核仁，形成新的细胞壁，出现四分体，但仍被共同的胼胝质壁包围。

六、实验报告

绘洋葱根尖细胞有丝分裂简图，要求绘植物细胞有丝分裂中期图(含16条染色体)。

 实验 4 植物组织

一、目的与要求

(1) 掌握植物各种组织的类型及其主要特征。

(2) 了解各类组织在植物体内的分布及相互关系。

(3) 练习植物徒手切片技术。

(4) 掌握植物材料的离析方法及运用。

二、实验原理

组织是指来源相同、形态相似、生理功能相同的细胞群,植物组织分为分生组织和成熟组织两大类。

分生组织是植物体内那些具有持续性和周期性分裂能力的细胞群。植物的分生组织位于植物的生长部位。顶端分生组织具有持续性的分裂能力;侧生分生组织的分裂能力则是周期性的,与环境条件有关。

成熟组织根据细胞特点和生理功能的不同,可分为薄壁组织、保护组织、机械组织、输导组织和分泌结构五类。薄壁组织广泛分布于植物体内,占植物体的大部分,如皮层、叶肉、花、果实、种子等。不同的薄壁组织具有不同的生理功能,据此又可将薄壁组织分为同化组织、储藏组织、通气组织、贮水组织、吸收组织和传递细胞。保护组织是覆盖于植物体器官表面的一类组织,由一层或数层细胞构成,分为表皮和周皮,前者是初生保护组织,后者是次生保护组织。机械组织是在植物体内起着巩固和支持作用的一类组织,根据细胞的形态及细胞壁的加厚方式,可分为厚角组织和厚壁组织,其中厚壁组织根据形状的不同又可以分为纤维和石细胞。输导组织是植物体内运输水分、矿物质和有机养料的组织,其细胞呈长管形,细胞间以不同方式相互联系,在整个植物体的各个器官内成为一个连续的系统,根据其结构与所运输的物质不同,输导组织又可分为两类:一类是输导水分以及溶解于水中的矿物质的导管和管胞;另一类是输导有机养料的筛管和筛胞。分泌结构是指植物体表面或体内一些分散的,能分泌蜜汁、黏液、挥发油、树脂、乳汁等特殊物质的细胞群,常见的有腺毛、蜜腺、油囊、树脂道和乳汁管等。

三、试剂与器具

(1) 试剂:盐酸-乙醇离析液、碘液、醋酸洋红液、0.5%番红水溶液、1 mol/L 盐酸、5%间苯三酚溶液。

(2) 器具:普通光学显微镜、切片机、培养皿、试剂瓶、玻璃滴管、镊子、剪刀、双面刀片、毛笔、载玻片、盖玻片、吸水纸、恒温箱。

四、实验材料

(1) 新鲜材料:蚕豆叶片(或小白菜叶片)、玉米或小麦叶片、仙人掌肉质茎、芹菜(香芹或芫荽)叶柄、新鲜梨果实、幼嫩橘树叶(需用土豆做夹持材料)、橘子皮、番茄嫩茎、葡萄茎离析材料。

(2) 永久制片:黑藻茎尖纵切制片、南瓜茎纵切永久制片、南瓜茎横切永久制片、松茎横切

永久制片、椴树茎横切永久制片。

五、内容和方法

(一) 分生组织

依分生组织的位置,可将其分为 3 种,即顶端分生组织、侧生分生组织和居间分生组织。

取黑藻茎尖纵切制片,置于低倍镜下观察。在视野中找到着色最深的圆锥状的顶端,这一区域的细胞小,细胞排列紧密,细胞核大,细胞质浓厚,是茎的生长锥,即黑藻茎尖顶端分生组织,包括原表皮、原形成层和基本分生组织三部分。

(二) 保护组织

保护组织包括表皮和周皮。

1. 初生保护组织——表皮

1) 蚕豆叶表皮

取新鲜蚕豆叶片(或小白菜叶片),用镊子撕取其下表皮制成临时装片,撕片不宜过大,长度、宽度控制在 5 mm 以下为宜。在显微镜下观察蚕豆叶的表皮结构(图 5-15)。表皮是一层排列紧密、没有细胞间隙的细胞,可见成对的肾形保卫细胞分布于其中,保卫细胞内含叶绿体,两个保卫细胞之间的小孔称为气孔。蚕豆叶表皮细胞形状不规则、彼此紧密镶嵌。

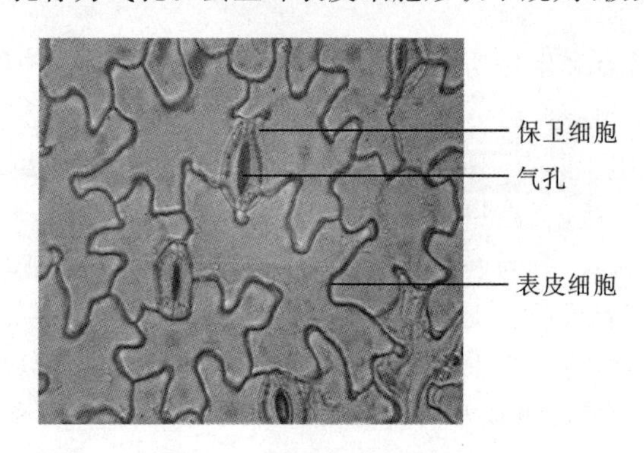

图 5-15 蚕豆叶的表皮结构

2) 玉米或小麦叶表皮

取新鲜玉米或小麦叶片,用刀片将叶片一面的表皮、叶肉和叶脉刮掉,留下无色透明的另一面叶表皮。切取下一小片表皮,做成临时制片观察(图 5-16),可看到:表皮细胞多为长条形细胞,称为长细胞;表皮细胞的侧壁常呈波纹状,相邻的表皮细胞镶嵌紧密,没有细胞间隙。在纵列的长细胞之间夹有短细胞,有些短细胞的外壁向外突起形成表皮毛。气孔器由一对哑铃形保卫细胞、气孔和位于保卫细胞外侧的一对副保卫细胞构成。

2. 次生保护组织——周皮

周皮为复合组织。观察椴树茎横切永久制片,外围几层被染成褐色的细胞就是木栓层细胞,其细胞排列紧密,细胞壁明显增厚,无细胞间隙。木栓层具有不透气、不透水的特性,具有很好的保护作用。在木栓层内侧的蓝绿色扁平细胞,为木栓形成层(即侧生分生组织)。在木栓形成层内侧的薄壁细胞,为栓内层。三者合起来组成周皮(图 5-17)。

(三) 薄壁组织

取仙人掌肉质茎(丁状)做徒手横切,用清水封片。观察叶肉细胞,靠近外表皮的肉质部分的细胞体积大,圆柱状,内含叶绿体,为同化组织(图 5-18),是薄壁组织中最重要的一类。仙

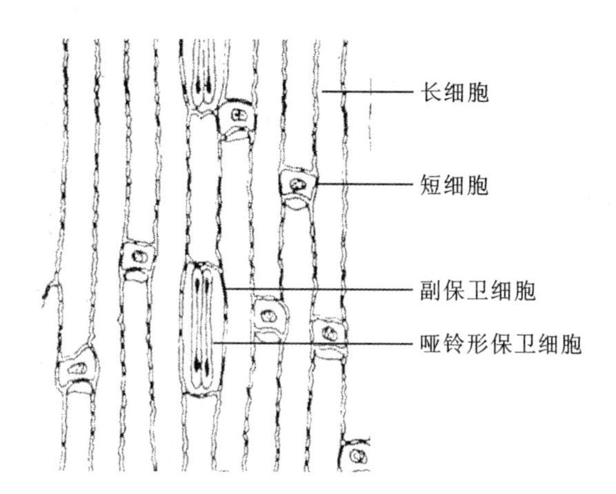

图 5-16 玉米叶表皮

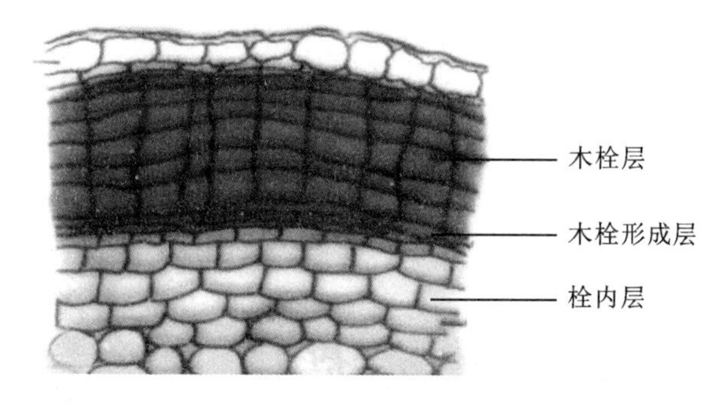

图 5-17 周皮结构

人掌肉质茎的中央区域为贮水组织，透明果胶状，几乎不含叶绿体，细胞较大，内有很大的液泡。

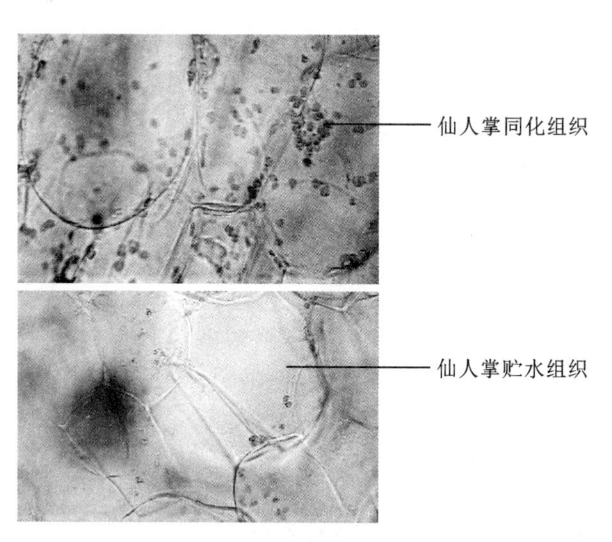

图 5-18 仙人掌同化组织和贮水组织

取南瓜茎横切永久制片观察，可以看到表皮以内的皮层部分和茎最中心的髓部都是由薄壁细胞构成的基本组织，它们的共同结构特点是：细胞体积较大，多为球形、椭圆形或多面体，细胞壁薄、细胞间隙较大。

（四）机械组织

1. 厚角组织

取芹菜(香芹或芫荽)叶柄,做徒手横切片,挑选薄而均匀的切片放在载玻片上,用0.5%番红水溶液染色5 min,盖上盖玻片,在显微镜下观察,表皮下方具棱角的部位被染成浅红色,即为厚角组织。厚角组织是生活细胞,其细胞壁在细胞的角隅处加厚,加厚的部位也就是被染成红色的地方。厚角组织看起来呈星芒状,其中暗灰色的“洞穴”是细胞腔,里面充满原生质体(图5-19)。

2. 厚壁组织

1）纤维

观察南瓜茎的横、纵切永久制片,在皮层中染成红色的几层细胞即为纤维。其横切面细胞口径小,细胞壁加厚均匀;纵切面为纵向很长的细胞。

另取葡萄茎离析材料,制作临时装片,可观察到许多被染成红色的长梭形细胞,其细胞壁为全部加厚的次生壁,并大多木质化。

2）石细胞

用镊子夹取梨果肉组织中近内果皮处沙粒状的一团细胞(即石细胞群),置于载玻片上,用镊子的背部将其压散开,加1滴盐酸,3～5 min后再加1滴5%间苯三酚溶液染色,盖上盖玻片,轻压盖玻片,使细胞分散,过30 min后置于显微镜下观察石细胞(图5-20),注意不要让材料失水干燥。

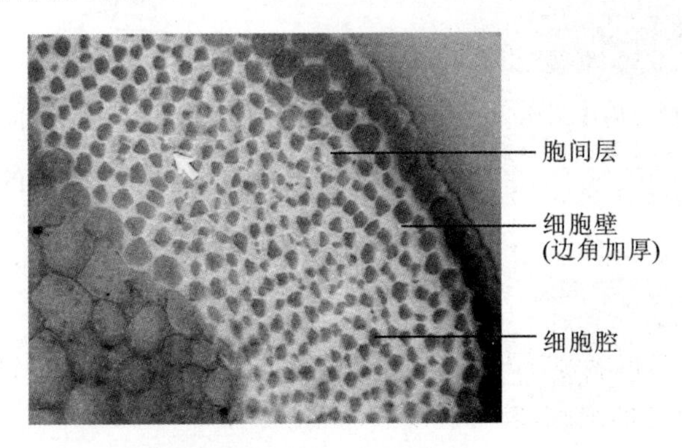

图5-19　芹菜叶柄厚角组织

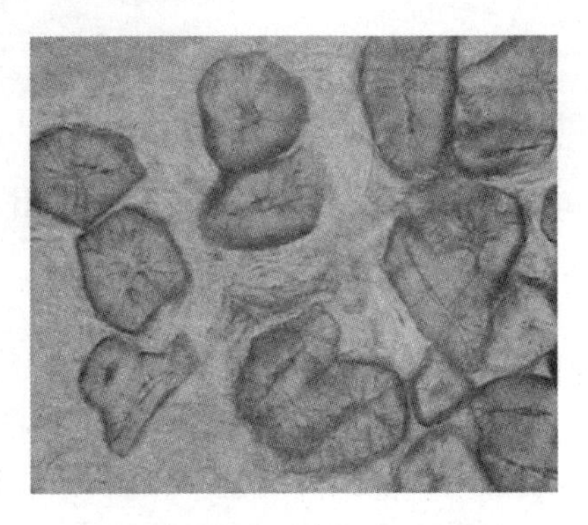

图5-20　梨果肉中的石细胞

（五）输导组织

1. 导管

取南瓜茎纵切制片观察,低倍显微镜下可观察到被染成红色的、具有各种花纹的管状细胞,即各种类型的导管(图5-21)。每个导管单元,均以端壁形成的穿孔相互连接,上下贯通。常见的导管有5种:螺纹导管、网纹导管、梯纹导管、环纹导管、孔纹导管。

2. 筛管和伴胞

取南瓜茎纵、横切永久制片,在低倍镜下观察,在木质部的两侧可找到染成蓝色的韧皮部,注意南瓜是双韧维管束,具内、外韧皮部。韧皮部中可见到一些管口直径较大的长管状细胞,即筛管细胞(图5-22)。两筛管之间有筛板,其上有许多小孔,称为筛孔。筛管侧面有一薄壁细胞将其相连,称为伴胞。

（六）分泌结构

(1) 树脂道:取松茎横切永久制片观察树脂道,在松茎的皮层、木质部和韧皮部中均有。

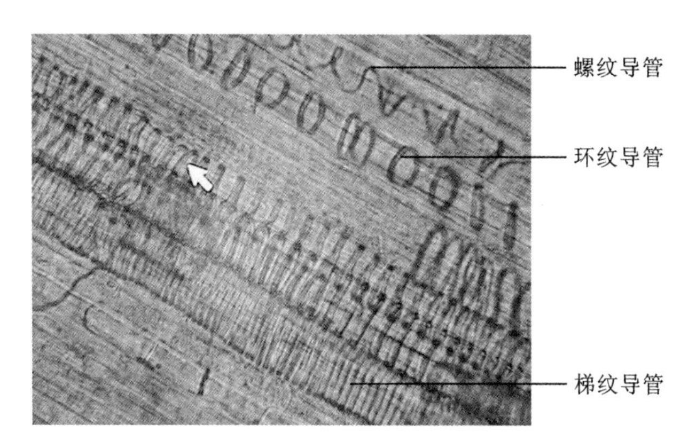

图 5-21　南瓜茎纵切制片中导管类型

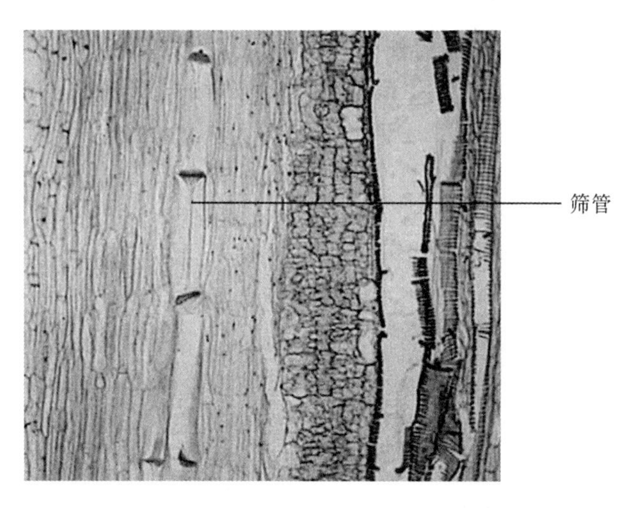

图 5-22　南瓜茎纵切面(示筛管)

树脂道是由分泌细胞围成的管道。

(2) 油囊:取橘树叶片或橘子皮切成长条形做徒手切片,观察油囊的结构。可见油囊内部有椭圆形腔隙,腔隙四周可见到部分损坏溶解的细胞,腔内有浅黄色的挥发油。

(3) 腺毛:取番茄的嫩茎做徒手切片,在显微镜下可观察到顶端具有膨大的毛状结构,即腺毛,除腺毛外还有大量的表皮毛。

六、实验报告

(1) 根据你所观察的材料,比较双子叶植物和单子叶植物的叶表皮在形态结构上的特点。

(2) 绘蚕豆叶表皮结构,示气孔、保卫细胞以及表皮细胞。

(3) 绘芹菜叶柄的厚角组织。

(4) 绘 1～2 种导管的纵切面图。

(5) 绘树脂道结构简图。

 实验 5 种子的萌发与结构

一、目的与要求

(1) 理解种子萌发所需条件。

(2) 了解种子萌发形成幼苗的形态变化过程和幼苗类型。

(3) 掌握不同类型种子的形态和结构。

二、实验原理

种子是裸子植物和被子植物特有的繁殖器官,由胚珠经过传粉受精形成。它一般由种皮、胚和胚乳三部分组成,有的植物成熟的种子只有种皮和胚两部分。种子还有多种适于传播或抵抗不良条件的结构,为植物的种族延续创造了良好的条件。在外界环境条件包括水分、温度、空气和光照等适合的情况下,本身发育完全的种子即能发芽形成幼苗。

种子萌发是指种子从吸胀作用开始的一系列有序的生理过程和形态发生过程。种子的萌发需要适宜的温度、一定的水分和充足的空气。种子萌发时,首先要吸水,种子浸水后种皮膨胀、软化,可以使更多的氧透过种皮进入种子内部,同时二氧化碳透过种皮排出,里面的物理状态发生变化;其次是空气,种子在萌发过程中进行一系列复杂的生命活动,只有种子不断地进行呼吸,得到能量,才能保证生命活动的正常进行;最后是温度,温度过低,光合作用大大减弱,呼吸作用受到抑制,光合生产率降低,种子内部营养物质的分解和其他一系列生理活动都需要在适宜的温度下进行。

三、试剂与器具

(1) 试剂:0.2%碘液、苏丹Ⅲ溶液、蒸馏水。

(2) 器具:显微镜、放大镜、载玻片、盖玻片、镊子、刀片、培养皿、培养缸、滴管。

四、实验材料

新鲜材料:黄豆(或绿豆)种子、蓖麻种子、水稻(或小麦)种子、玉米种子、慈姑种子、花生种子。

五、内容和方法

(一) 种子的萌发

每人选取若干植物种子(玉米、花生或任选其他种子两种以上),花盆自备(有底孔),栽培基质自选,根据所选种子查阅资料,设计实验方案。

观察项目可包括种子发芽率、发育的外界条件、萌发类型(子叶出土幼苗或子叶留土幼苗)。

4 周后交设计方案、观察记录、结果分析报告以及幼苗照片。

(二) 种子的结构

1. 双子叶植物有胚乳种子——蓖麻

取一粒浸泡过 5~8 h 的蓖麻种子,首先观察外形,蓖麻种子呈椭圆形,稍扁,种皮呈硬壳

状，光滑并具斑纹。种子的一端有海绵状突起，即为种阜，由外种皮基部延伸形成(想一想有何作用)。在种子腹面种阜内侧有一个小突起，即为种脐，此结构不明显，用放大镜观察会更清楚，种孔被种阜掩盖(图 5-23)。

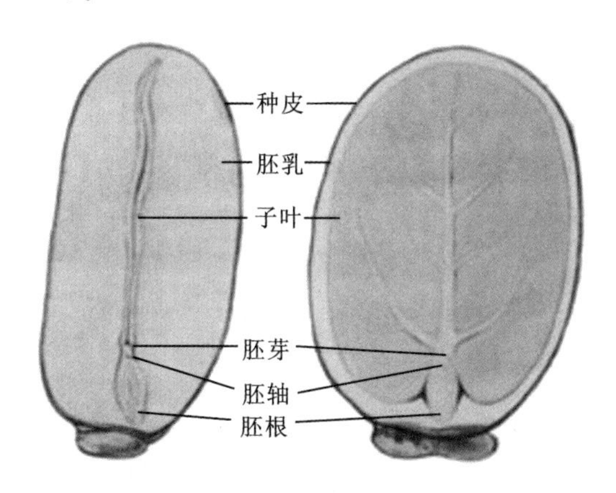

图 5-23 蓖麻种子

剥去种皮，观察蓖麻内部结构，种皮内白色肥厚的部分即为胚乳。用刀片平行于胚乳宽面做纵切，可见两片大而薄的叶片，具明显的叶脉，即为子叶，两片子叶基部与胚轴相连，胚轴很短，上方为很小的胚芽，夹在两片子叶之间。胚轴下方为胚根。

2. 双子叶植物无胚乳种子——黄豆(或绿豆)

取一粒浸泡过 3～8 h 的黄豆(或绿豆)种子，轻捏泡胀的种子，有水从种孔溢出，种脐紧靠种孔。剥去种皮，可见 2 片肥厚的子叶，子叶着生在胚轴上。胚轴对着种孔的一端是胚根，另一端是胚芽，有 2 片幼叶，挑开幼叶，可见到生长点和叶原基(图 5-24)。

3. 单子叶植物有胚乳种子——玉米

分别取玉米成熟干燥和浸泡过的种子(即颖果)，观察其形态结构。腹面下半部分略呈白色，透过果皮和种皮可以看到其中的胚。用刀片垂直玉米籽粒腹面做正中纵切，手持放大镜观察胚的剖面结构，以解剖针挑拨胚的各部分：盾片(即子叶)在胚的内侧，紧靠胚乳；胚芽在盾片外侧，为数层套状的胚芽所覆盖；胚根在胚的下方，其外被胚根鞘包围；胚轴，即在胚根与胚芽之间的部分(图 5-25)。在切面上滴加一滴碘液，胚乳变成蓝紫色，胚变成黄色，界限明显。

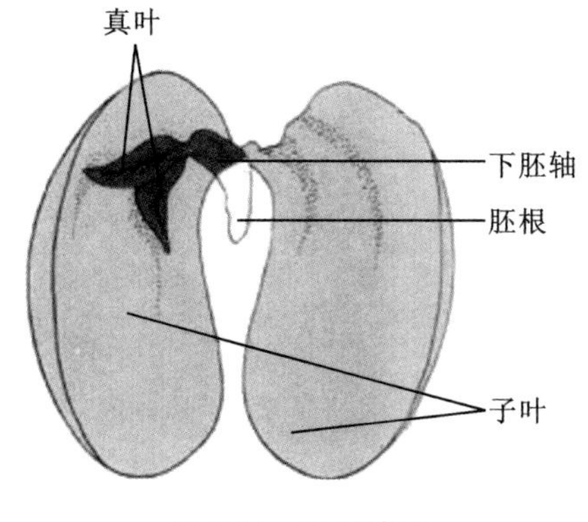

图 5-24 绿豆种子

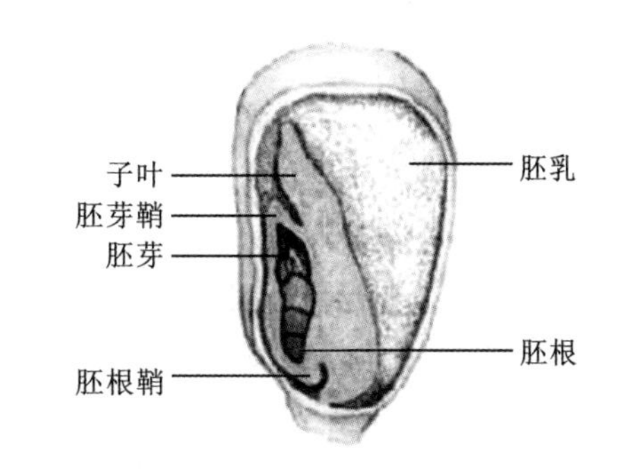

图 5-25 玉米种子

4. 单子叶无胚乳的种子——慈姑

分别取慈姑成熟干燥和浸泡过的种子，观察其形态结构。慈姑的种子很小，种子由种皮和胚两部分组成。种皮极薄,仅一层细胞。胚弯曲,由胚芽、胚轴和胚根组成。子叶呈长柱形,一片,着生在胚轴上,它的基部包被着胚芽。

六、实验报告

(1) 详细记录种子发芽的进程。

(2) 绘制双子叶有胚乳植物种子结构图,注明各部分的名称。

(3) 试比较双子叶植物种子和单子叶植物种子在结构上的异同。

实验 6　种子生活力的快速测定

一、目的与要求

（1）掌握快速测定植物种子生活力的方法。

（2）了解各种方法测定种子生活力的基本原理。

二、实验原理

种子生活力(seed viability)是指种子能够萌发的潜在能力或种胚具有的生活力。测定种子生活力常采用萌发实验，即在适宜的条件下，让种子吸水萌发，在规定的时间内统计发芽种子所占的百分比。但是，采用发芽实验测定种子的生活力所需时间较长，有时在生产上或种子贸易过程中，需要较快地知道种子的生活力，采用萌发实验就无法满足这些要求。另外，处在休眠状态下的种子虽然不能萌发，但仍然具有生活力，显然采用萌发实验是无法测定休眠种子的生活力的。而采用以下的化学方法，可以较快地测定种子的生活力。

（1）TTC 法：氯化三苯基四氮唑(TTC)是标准氧化电位为 80 mV 的氧化还原色素，凡有生活力的种胚在呼吸作用过程中都会发生氧化还原反应，而无生活力的种胚则无此反应。当 TTC 渗入种胚的活细胞内，并作为氢受体被脱氢辅酶(NADH 或 NADPH)上的氢还原时，便由无色的氯化三苯基四氮唑(TTC，可溶于水)变为红色的三苯基甲腙(TTCH，不溶于水)，因此有生活力的种子即被染成红色。

（2）染料染色法：有生活力种子胚细胞的原生质膜具有半透性，有选择吸收外界物质的能力，一般染料不能进入细胞内，胚部不染色。而丧失生活力的种子，其胚部细胞原生质膜丧失了选择吸收能力，染料可自由进入细胞内使胚部染色。所以可根据种子胚部是否被染色来判断种子的生活力。

（3）荧光法：具有生活力的种子的种皮和死亡的种子的种皮对物质的透性是不同的，生活力衰退或已经死亡的细胞原生质的透性会增加。植物种子中通常含有一些能够产生荧光的物质，如某些黄酮类、香豆素类、酚类物质等。当浸泡生活力衰退或已经死亡的种子时，细胞内的荧光物质很容易外渗。因此，可以通过直接观察种胚荧光或者观察荧光物质渗出的多少来鉴定种子的生活力。

三、试剂与器具

（1）试剂：0.5%TTC(氯化三苯基四氮唑)溶液、0.2%靛红溶液或 5%红墨水(酸性大红G)。

（2）器具：小烧杯、刀片、镊子、恒温箱、紫外光灯、白纸(不产生荧光的)、培养皿。

四、实验材料

水稻种子、小麦种子、玉米种子、棉花种子、油菜种子、各种木本植物种子等。

五、内容和方法

（一）TTC 法

（1）将种子用温水(约 30 ℃)浸泡 2～6 h，使种子充分吸胀。

(2) 随机取种子 100 粒,水稻种子要去壳,豆类种子要去皮,然后沿种胚中央准确切开,取其一半备用。

(3) 将准备好的种子浸于 0.5% TTC 溶液中,于恒温箱(30～35 ℃)中保温 30 min。

(4) 染色结束后要立即进行鉴定,因放久会褪色。倒出 TTC 溶液,再用清水将种子冲洗 1～2 次,观察种胚被染色的情况。凡种胚全部或大部分被染成红色的即为具有生活力的种子;种胚不被染色的为死种子;如果种胚中非关键性部位(如子叶的一部分)被染色,而胚根或胚芽的尖端不染色,都属于不能正常发芽的种子。

(二) 染料染色法

将染料换成 0.2%靛红溶液或 5%红墨水即可,其他步骤同 TTC 法。

(三) 荧光法

1. 直接观察法

这种方法适用于禾谷类、松柏类及某些蔷薇科果树的种子生活力的鉴定,但种间的差异较大。用刀片沿种子的中心线将种子切为两半,使其切面向上放在无荧光的白纸上,置于紫外光灯下照射并进行观察、记录。有生活力的种子在紫外光的照射下将产生明亮的蓝色、蓝紫色或蓝绿色的荧光;丧失生活力的死种子在紫外光的照射下多呈黄色、褐色甚至暗淡无光,并带有多种斑点。随机选取 20 粒待测种子,按上述方法进行观察并记录有生活力及丧失生活力的种子的数目,然后计算有生活力种子所占百分比。与此同时,做一个平行的常规萌发实验,计算其发芽率,作为对照。

2. 纸上荧光

随机选取 50 粒完整无损的种子,置于烧杯内,加蒸馏水浸泡 10～15 min 令种子吸胀。然后将种子沥干,再按 0.5 cm 的间距摆放在湿滤纸上(滤纸上水分不宜过多,防止荧光物质流散),以培养皿覆盖静置。数小时后将滤纸(或连同上面摆放的种子)风干(或用电吹风吹干),置于紫外光灯下照射,可以看到摆过死种子的地方周围有明亮的荧光团,而具有生活力的种子周围则无此现象。根据滤纸上显现的荧光团的数目就可以测出丧失生活力的种子的数量,并由此计算出有生活力种子所占的百分比。此外,可与此同时做一平行的常规种子萌发实验,计算其发芽率,作为对照。这个方法应用于白菜、萝卜等十字花科植物种子生活力的鉴定时效果很好,但不适用于一些在衰老、死亡后减弱或失去荧光的种子,对这些种子只宜采用直接观察法。

六、实验报告

(1) 不同种子生活力的快速测定方法有何差异? 分别适用于什么植物种子生活力的测定?

(2) 实验结果与实际种子发芽率是否一致? 为什么?

(3) 用各种方法测定种子生活力有什么注意事项?

 实验 7 根的形态与结构

一、目的与要求

(1) 了解根尖的分区及细胞特点,并深入理解根的生理功能。

(2) 了解根的初生结构特点、侧根发生。

(3) 了解双子叶植物根的次生结构特点。

(4) 了解根瘤与菌根的结构特点及形成原因。

二、实验原理

从根的顶端到着生根毛的部位,称为根尖,主根、侧根和不定根都具有根尖。根尖是根中生命活动最活跃的部分,根的生长和根内组织的形成都是在根尖进行的。根尖一般分为根冠、分生区、伸长区和成熟区(根毛区)四部分。经过根尖顶端分生组织的分裂、生长和分化,植物体发育出成熟的根结构,这种由顶端分生组织及其衍生细胞的增生和成熟所引起的生长过程,称为初生生长。初生生长形成的各种成熟组织都属于初生组织,它们共同组成的器官结构称为初生结构。从根的成熟区做横切或纵切,就能清楚地看到根的初生结构由外至内分别为表皮、皮层和维管柱。

三、试剂与器具

(1) 试剂:碘液、番红溶液、清水。

(2) 器具:显微镜、载玻片、盖玻片、镊子、刀片、吸水纸、擦镜纸、解剖针、培养皿、滴管。

四、实验材料

(1) 新鲜材料:蚕豆幼苗(示根尖及双子叶植物的初生结构)、小麦(或水稻)幼苗(示单子叶植物的初生结构)、蚕豆(或其他豆科植物)老根带根瘤的部位。

(2) 永久制片:玉米根尖纵切永久制片(示根尖的分区)、小麦根横切永久制片(示单子叶植物根的初生结构)、蚕豆幼根横切永久制片(示双子叶植物根的初生结构及根毛)、蚕豆老根横切永久制片(示双子叶植物根的次生结构)、蚕豆根纵切永久制片(示侧根形成)、向日葵幼根横切永久制片(示双子叶植物根的初生结构)、菌根永久制片或马尾松外生菌根。

五、内容和方法

(一) 根系的类型

取蚕豆等双子叶植物幼苗观察,根系有一条子胚根发育而来的明显的主根,其上有多条侧根,侧根逐级分支。有的植物胚轴上还生有少量不定根。

取小麦或水稻等单子叶植物幼苗观察,根系没有明显的主根,主要是由粗细相似的不定根组成,不定根上也有逐级分支的侧根,如图 5-26 所示。

(二) 根尖的分区

1. 根尖的外部形态

用肉眼或放大镜看小麦或水稻新鲜根尖的外部形态。在根的最尖端、具有光滑而略带淡

图 5-26　根系的类型

黄色的部位是分生区(即生长点);在分生区的先端有一个透明的套子,即为根冠,向上具有根毛的部位为根毛区;根毛区与分生区之间为伸长区,此区一般较为透明。

2. 根尖的纵切面结构

取小麦或水稻根尖 3～5 mm,做徒手纵切片或压片,分别滴加一滴碘液和番红溶液,染色 3～5 min,加盖玻片在低倍显微镜下观察植物根尖的内部构造,然后取玉米根尖纵切永久制片对照观察,识别根尖的分区(图 5-27)。

(1) 根冠:形似帽状,由薄壁细胞组成,排列不整齐。

(2) 分生区:位于根冠上边,由分生组织组成。其特点是:细胞较小,方形,排列紧密;细胞质浓,细胞核大,居于细胞中央。

(3) 伸长区:位于分生区上方,细胞已伸长,有明显的液泡。

(4) 根毛区:位于伸长区上方,表皮细胞外壁向外突出形成根毛。同时也可以对照蚕豆幼根横切永久制片观察根毛(图 5-28)。

(三) 根的初生结构

1. 双子叶植物根的初生结构

取蚕豆幼根,截下带根毛的成熟区,在新鲜根尖的根毛区做横切。将切片放在有水的培养皿中。加 1%番红溶液染色约 5 min 后,挑取最薄的 1～2 片放在载玻片上,加盖玻片用水封片,置于低倍镜下观察,分清表皮、皮层和中柱(维管柱)三部分结构(图 5-28),而后转为高倍镜由外至内仔细观察。

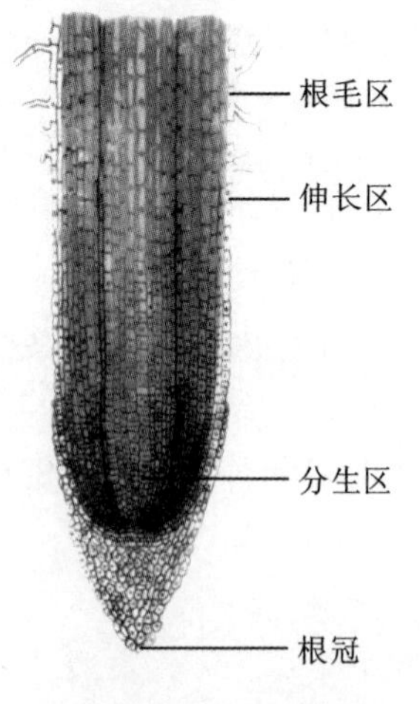

图 5-27　根尖的分区

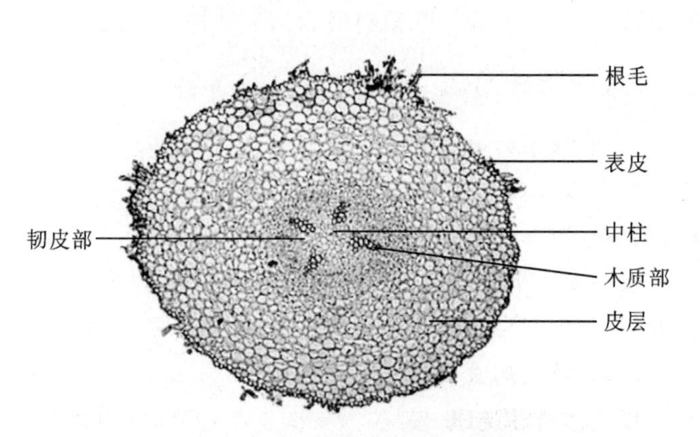

图 5-28　蚕豆幼根横切面结构

对照观察：取蚕豆、向日葵幼根横切永久制片，先用低倍镜，后用高倍镜观察根的初生结构。

（1）表皮：根最外面的一层长方形薄壁细胞，可看到根毛。

（2）皮层：表皮以内由数层排列疏松的薄壁细胞组成，占横切面的大部分。紧靠表皮的为外皮层，外皮层细胞较小，排列紧密。皮层最内排列较整齐的一层细胞为内皮层。注意内皮层细胞壁的特征，有的植物内皮层细胞上有凯氏带或者通道细胞。

（3）中柱（维管柱）：皮层以内的整个部分称为中柱，分为四部分。①中柱鞘：紧靠内皮层的一层薄壁细胞为中柱鞘。②初生木质部：呈辐射状排列，细胞壁较厚，其中有一些大型细胞为导管，蚕豆的根为四原型根，初生木质部有四束。③初生韧皮部：位于两个初生木质部之间的外侧，为一团较小的细胞，细胞壁较薄，其中较大的细胞为筛管。④髓：多数单子叶植物根中有髓，而多数双子叶植物根内被木质部占满，故无髓。

2. 单子叶植物根的初生结构

取长度为 1～2 cm 的小麦幼根的中间部位做徒手横切片，加盖玻片用清水封片，观察单子叶植物根的内部结构（图 5-29）。对比观察自己做的临时装片和小麦根横切永久制片。

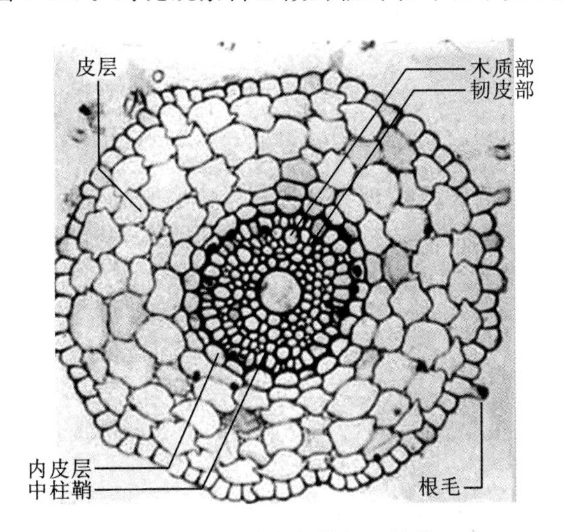

图 5-29 小麦幼根横切面结构

（1）表皮：最外面的一到两层细胞。

（2）皮层：由薄壁组织构成，其细胞排列整齐，呈同心辐射状排列，由内向外细胞逐渐增大，胞间隙发达。在老根中皮层薄壁组织细胞破裂形成通气组织。

（3）维管柱：由初生木质部、初生韧皮部和中柱鞘组成，初生木质部为多原型。在较老的根中，中柱内除韧皮部外所有细胞都木质化增厚，因此整个中柱既保持了输导功能，又有支持固定作用。

（四）侧根的发生

观察蚕豆根纵切永久制片（有侧根的制片），可见侧根的形成情况。侧根起源于根毛区中柱鞘的一定部位，穿过皮层和表皮伸出，因此属内起源。

（五）根的次生结构

单子叶植物的根一般不具备次生生长能力，因此绝大多数没有次生结构。下面以双子叶植物蚕豆老根为例，来观察根的次生结构。

取蚕豆老根横切永久制片,先在低倍镜下观察其各个结构所在的部位,然后转换高倍镜详细观察其各部分结构。双子叶植物根的次生结构主要由木栓形成层产生的周皮、维管形成层形成的次生木质部和次生韧皮部三部分组成,这三部分次生结构最终会取代初生结构中的表皮和皮层,少数植物在过渡期能够同时看到次生结构和皮层,如图5-30所示,蚕豆老根结构由外至内分别如下。

(1) 周皮:位于老根最外面,由木栓形成层细胞分裂、分化发育而来,包括木栓层、木栓形成层、栓内层三部分。

(2) 皮层:位于周皮和初生韧皮部之间,存在的时间较短,根的次生结构开始发育时,皮层就会被韧皮部取代而消失不见。

(3) 初生韧皮部:位于周皮之内,呈分散的束状,主要由筛管和伴胞组成。

(4) 次生韧皮部:紧邻初生韧皮部,由筛管、伴胞、韧皮纤维和薄壁细胞等组成,一部分韧皮薄壁细胞形成韧皮射线。细胞着色为绿色。

(5) 维管形成层:位于次生韧皮部和次生木质部之间,着色较浅。细胞特点为切向壁长、径向壁短的扁平细胞。维管形成层细胞以平周分裂为主,向内分裂、分化产生次生木质部,向外分裂、分化产生次生韧皮部,使根不断增粗。由于形成的次生木质部的积累使维管形成层的位置逐渐外移,形成层细胞进行平周分裂的同时也进行垂周分裂,扩大维管形成层本身的周径。

(6) 次生木质部:由导管、管胞、木纤维和木薄壁细胞等组成。

(7) 射线:由初生木质部外侧的中柱鞘细胞脱分化形成的形成层,向内外分裂分化产生的薄壁细胞组成。射线位于木质部则称为木射线,位于韧皮部则称为韧皮射线。

(8) 初生木质部:位于老根的中央,少数双子叶植物由于后生木质部向心发育未达到中心,形成由薄壁细胞构成的髓。

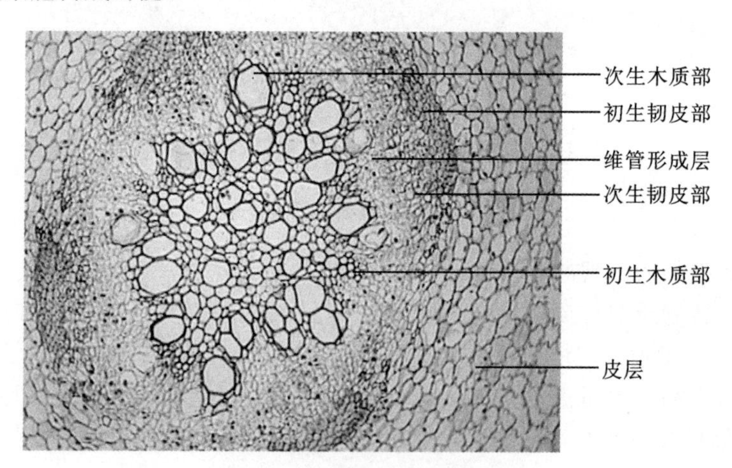

图5-30　蚕豆老根横切面结构

(六) 根瘤与菌根

1. 豆科植物的根瘤

取新鲜的蚕豆根系观察,可见瘤状的突起,这就是根瘤,注意根瘤外形及其生长状态。通过根瘤与根连接处做横切,在放大镜下观察,注意根瘤与根间连接的关系。

取一蚕豆根瘤洗净,置于载玻片上,加水少许,用镊子挑破瘤,将其液汁涂于载玻片,加上盖玻片,置于显微镜下观察,在高倍镜下可以看到许多根瘤菌。

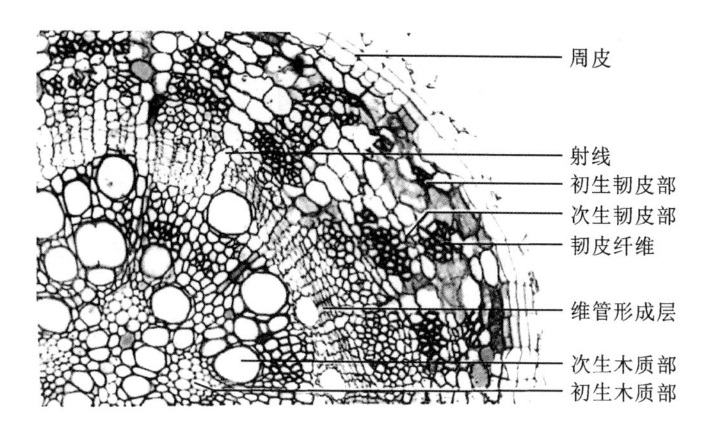

图 5-31 棉花老根横切面结构

2. 菌根

取菌根永久制片或马尾松的外生菌根少许，在低倍镜下观察，可见皮层的一些细胞中有许多真菌的丝状体，这种真菌与皮层细胞构成共生体，称为内生菌根。

六、实验报告

(1) 双子叶植物根及单子叶植物根的构造特征有何区别?

(2) 绘小麦根尖纵切面细胞图，并注明根冠、分生区、伸长区和根毛区。

(3) 绘小麦根的横切面结构图(绘完整圆形图)。

(4) 绘蚕豆幼根横切面结构图(扇形图)。

(5) 绘蚕豆老根横切面结构图。

(6) 根瘤的形态结构有何特点? 根瘤是怎样产生的? 与豆科植物关系怎样?

(7) 菌根是怎样产生的? 有何作用?

 实验8 茎的形态与结构

一、目的与要求

(1) 了解茎的形态、生长习性和分枝方式。

(2) 掌握芽的结构与类型。

(3) 掌握裸子植物、双子叶植物和单子叶植物的茎的基本结构。

(4) 了解茎的变态。

二、实验原理

茎是植物地上部分的骨干,其主要功能为输导和支持。从外形上看,有些植物的茎为四棱形或三棱形。茎上着生叶和芽。茎顶端着生的芽称为顶芽,顶芽萌发后,芽鳞片脱落在茎上留下的痕迹称为芽鳞痕。顶芽以下的芽称为侧芽或腋芽,侧芽着生于叶腋中。茎上着生叶的部位称为节,有些植物的节非常明显,如竹子的节。相邻节之间的部分称为节间。木本植物的枝条,叶片脱落后在茎上留下的痕迹,称为叶痕。多数木本植物枝条上还分布有皮孔,皮孔是枝条内外气体交换的通道。

双子叶植物茎的初生结构包括表皮、皮层、中柱三部分,大多数双子叶植物的茎在初生结构的基础上,形成了次生生长的基础,即次生分生组织,从而产生次生结构。次生结构包括次生木质部、次生韧皮部和周皮。单子叶植物茎没有类似维管形成层的结构,不能形成次生分生组织,因此,只有初生结构而无次生结构。

裸子植物的茎都是木本的,茎的初生结构与双子叶植物的大致相同,也是由表皮、皮层和中柱三部分组成。裸子植物的茎中长期存在着形成层,能形成次生结构,使茎逐年加粗,但裸子植物茎与双子叶植物茎相比仍具有其特点。

三、试剂与器具

(1) 试剂:0.5%番红水溶液。

(2) 器具:显微镜、修枝剪、镊子、刀片、毛笔、培养皿。

四、实验材料

(1) 新鲜材料:蚕豆(或大豆、花生、蓖麻等)幼茎(发芽后10~20 cm的幼茎)、白杨树(或桃、女贞、桂花、法国梧桐、毛泡桐等)的幼嫩枝条、玉米嫩茎。

(2) 永久制片:

①丁香芽纵切永久制片或黑藻茎尖永久制片——芽原基和叶原基;

②蚕豆幼茎横切永久制片——双子叶草本茎初生结构;

③向日葵幼茎横切永久制片——双子叶草本茎初生结构;

④玉米茎横切永久制片——单子叶实心茎的结构;

⑤小麦或水稻茎横切永久制片——单子叶空心茎的结构;

⑥松茎横切永久制片——裸子植物茎的结构;

⑦蚕豆老茎横切永久制片——双子叶草本茎次生结构;

⑧一年生椴树茎或桃树茎横切永久制片——双子叶木本茎次生结构。

五、内容和方法

(一) 茎的基本形态

观察白杨树、法国梧桐或毛泡桐等的枝条，区分顶芽、侧芽、节、节间、叶痕、叶迹、皮孔及芽鳞痕。

(1) 顶芽与侧芽(腋芽)：着生于茎顶端的芽称为顶芽，着生于叶腋处的芽称为腋芽，也称为侧芽。

(2) 节与节间：茎上着生叶的位置称为节，两节之间的部分称为节间。

(3) 叶痕与芽鳞痕：叶片脱落后留下的痕迹称为叶痕，芽的鳞片脱落后留下的痕迹称为芽鳞痕。

(4) 皮孔：茎表面的裂缝状小孔。它是茎与外界的通气结构。

(二) 茎尖的结构

取丁香芽纵切永久制片或黑藻茎尖永久制片，置于低倍镜下，观察叶芽纵切面的基本组成，最顶端的是生长锥，其下方两侧的小突起为叶原基，再向下则是长大的幼叶；在幼叶的叶腋内呈圆形突起的是腋芽原基，将来发展成腋芽。黑藻茎尖永久制片中还能看到许多通气结构。

(三) 草本双子叶植物茎的初生结构

取蚕豆或向日葵幼茎横切永久制片，置于低倍镜下观察，另取新鲜材料蚕豆(或大豆、花生、蓖麻)幼苗的茎，做徒手横切临时制片，用 0.5%番红水溶液染色 3～5 min，然后置于低倍显微镜下观察，区分草本双子叶植物茎的初生结构中的表皮、皮层和中柱(维管柱)三部分，再转高倍镜观察各部分的细胞组成及其结构特点(图 5-32、图 5-33)。

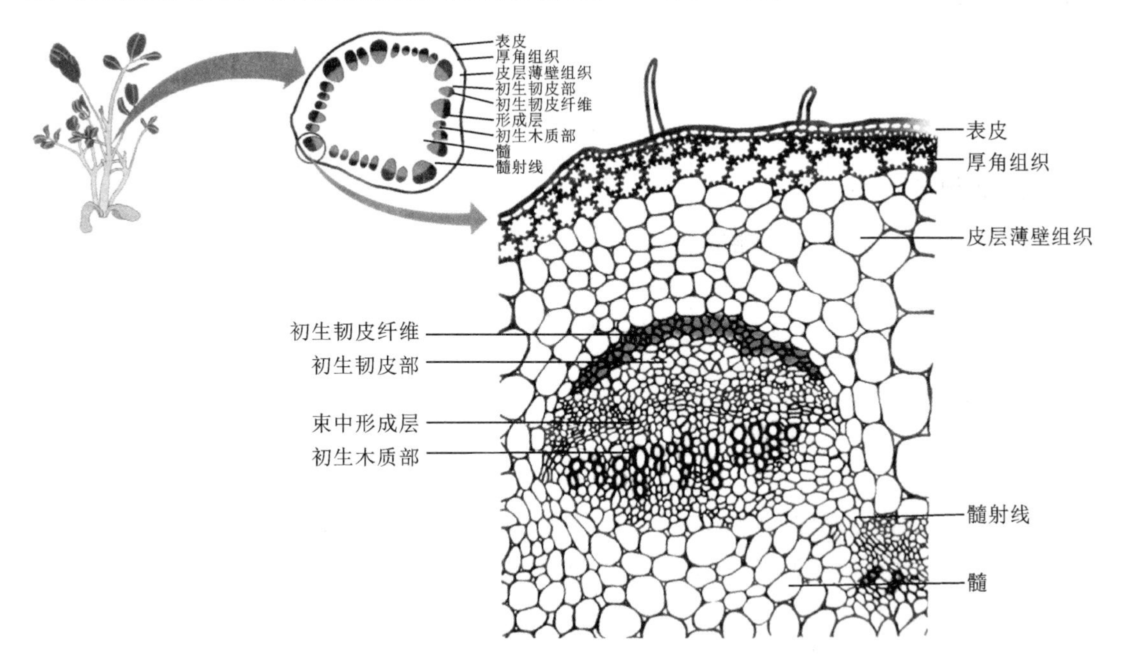

图 5-32　花生幼茎横切面结构示意图

(1) 表皮：为幼茎最外一层细胞，由形状扁平、排列紧密而整齐的生活细胞构成，大多数植物表皮细胞外壁角质化。表皮上还分布有气孔器。此外，有的表皮上还有表皮毛、腺毛或蜡被。

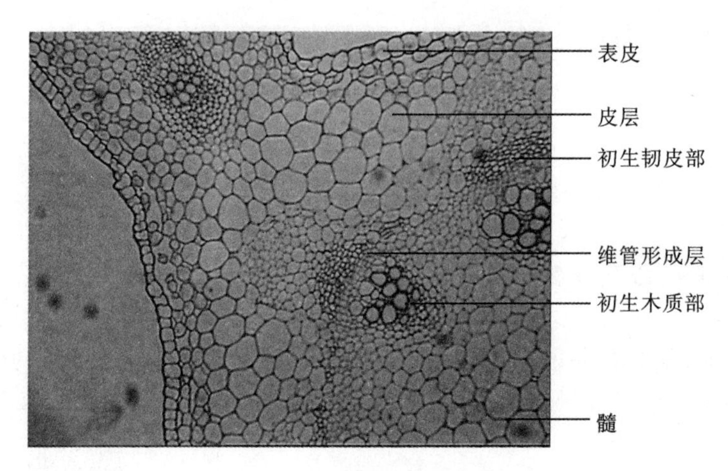

图 5-33　蚕豆幼茎横切面结构

(2) 皮层：位于表皮与中柱之间，主要由薄壁细胞组成。紧靠表皮的几层细胞常有厚角组织分布，在薄壁细胞和厚角组织中常含有叶绿体。

(3) 中柱(维管柱)：位于皮层以内，茎的中央，占横切面的绝大部分，中柱由维管束、髓和髓射线组成。维管束则由内侧的初生木质部和外侧的初生韧皮部及其间的束中形成层组成，在横切面上许多维管束排成一环。髓居于茎的中心，由薄壁细胞构成。髓射线位于维管束之间，由薄壁细胞组成，并呈放射状排列。

(四) 木本双子叶植物茎的次生结构

取一年生椴树茎或桃树茎横切永久制片，观察木本双子叶植物茎的次生结构，注意观察木栓形成层形成的次生结构周皮和维管形成层形成的次生木质部和次生韧皮部(图 5-34)。

(五) 单子叶植物茎的结构(以禾本科植物为例)

单子叶植物茎没有类似维管形成层的结构，不能形成次生分生组织，因此，只有初生结构而无次生结构。单子叶植物茎的初生结构比较简单，由表皮、基本组织、机械组织和维管束四部分组成。初生结构的最外面是表皮，表皮以内是基本组织，维管束散生于基本组织中。在表皮以内没有皮层、髓和髓射线的界限。

单子叶植物的茎一般有两种类型。

1. 实心茎——以玉米茎为例

取玉米的嫩茎节间做徒手切片，进行观察，或取玉米茎横切永久切片观察其结构(图 5-35)。如果无玉米茎，可用高粱茎或甘蔗茎代替。

(1) 表皮：为茎的最外层细胞，排列整齐，细胞壁可发生角质化、栓质化或硅质化。

(2) 基本组织：靠近表皮的一至数层细胞形状小，排列紧密，细胞壁常增厚为厚壁组织，称为外皮层，加强了茎的支持能力。外皮层内为薄壁组织，细胞较大，排列疏松，是基本组织的主要部分，越靠近中间细胞越大，有许多维管束散布于其间。

(3) 维管束：靠近基本组织边缘的维管束数量较多，但个体较小，分布在茎中央的维管束个体较大，但数量少。逐渐提高显微镜的放大倍数，仔细观察维管束的结构，可见到每个维管束外面都有一圈由厚壁细胞组成的维管束鞘，里面有木质部和韧皮部，而没有形成层，初生韧皮部在外侧，后生韧皮部在其内部，只含筛管和伴胞，排列很规则。最外边的原生韧皮部有时已被挤破。初生木质部通常含有 3～4 个口径较大、被染成红色的导管，在横切面上排列成 V 形，上半部分是后生木质部，有两个较大的孔纹导管，下半部分是原生木质部，由 1～2 个较小

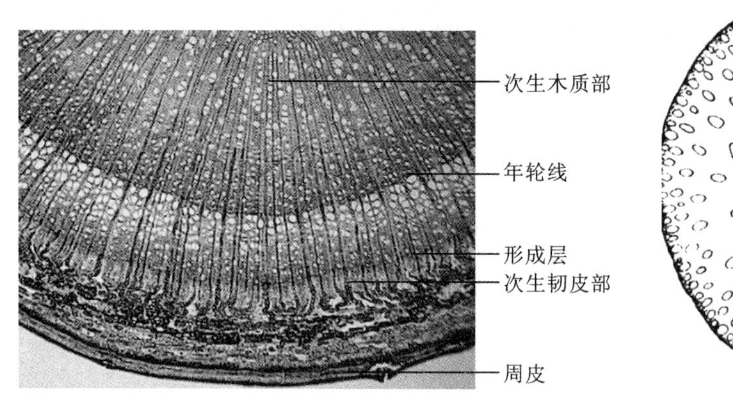

图 5-34　桃树茎横切面结构　　图 5-35　玉米茎横切面结构

的导管和少量的薄壁细胞组成。

(4) 机械组织：位于表皮下方的 3～4 层细胞壁有增厚的细胞，染色的时候着色能力较强，多染成深色。

2. 空心茎——以小麦茎为例

取小麦或水稻茎横切永久切片进行观察(图 5-36、图 5-37)。可见到茎的中央有髓腔。维管束一般排列为内、外两轮。内轮维管束较大，分布于基本组织中；外轮维管束小些，贴近机械组织或嵌入其中。这两种维管束的外围均为厚壁机械组织构成的维管束鞘所包围。维管束鞘以内为初生韧皮部和初生木质部，无束内形成层。

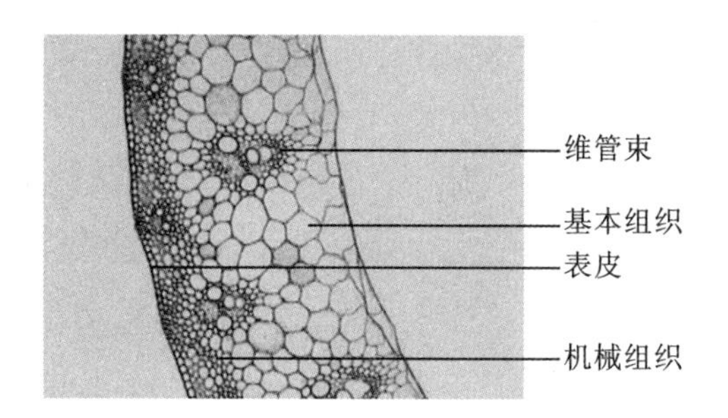

图 5-36　小麦茎横切面结构

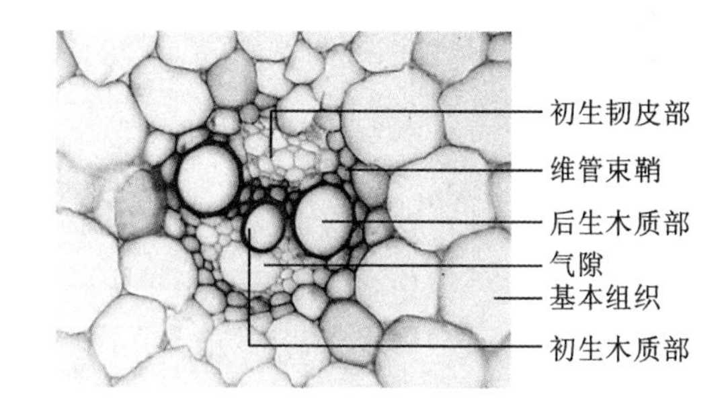

图 5-37　小麦茎横切面的一个维管束

(六) 裸子植物茎的结构

取松茎横切永久制片，观察裸子植物茎的基本结构。裸子植物的茎由表皮、皮层和中柱三部分组成，茎中长期存在着形成层，能形成次生结构。多数裸子植物茎的次生木质部由管胞、射线和木薄壁组织组成。裸子植物的次生韧皮部由筛管、射线和韧皮薄壁组织组成。松柏类裸子植物茎的皮层、中柱内，常有许多管状的树脂道。

六、实验报告

(1) 双子叶植物茎和单子叶植物茎的内部结构有何异同？

(2) 双子叶植物根和茎维管形成层的发生和活动有何异同？

(3) 绘玉米(或小麦)茎中一个维管束的横切面细胞图，并注明各部分的名称。

(4) 绘蚕豆幼茎横切面结构图，并注明茎的初生结构中的表皮、皮层、初生韧皮部、维管形成层、初生木质部。

实验9　叶的形态与结构

一、目的与要求

(1) 掌握叶表皮临时装片的制作方法,练习叶状器官的徒手切片技术。

(2) 了解双子叶植物叶、单子叶植物叶和裸子植物叶的结构。

(3) 了解叶对生态环境的适应性。

(4) 了解常见的变态叶。

二、实验原理

叶是植物进行光合作用和蒸腾作用的重要器官。植物的叶通常由叶片、叶柄和托叶三部分组成。三者都具备的称为完全叶,缺乏一种或两种的称为不完全叶。叶片分为表皮、叶肉和叶脉三部分,双子叶植物的叶肉细胞可形成栅栏组织和海绵组织,二者光合作用的效率不一样,单子叶植物的叶肉细胞只有一种结构。

三、试剂与器具

显微镜、刀片、镊子、载玻片、盖玻片、解剖针、培养皿、毛笔、吸水纸等。

四、实验材料

(1) 新鲜材料:蚕豆(或女贞、桃树)叶片、小麦叶片(发芽后约 10 cm 的幼叶)、雪松叶、夹竹桃叶、土豆(夹持材料)。

(2) 永久制片:

① 蚕豆叶横切永久制片——双子叶植物叶的结构;

② 小麦叶横切永久制片——单子叶植物叶的结构;

③ 松针叶横切永久制片——裸子植物叶的结构;

④ 夹竹桃叶横切永久制片——旱生植物叶的结构。

五、内容和方法

(一) 双子叶植物叶片的结构

取新鲜蚕豆(或女贞、桃叶)叶片做横切简易装片(徒手切片,用土豆做夹持材料),对照观察蚕豆叶横切永久制片,在显微镜下观察双子叶植物叶片的结构(图 5-38)。

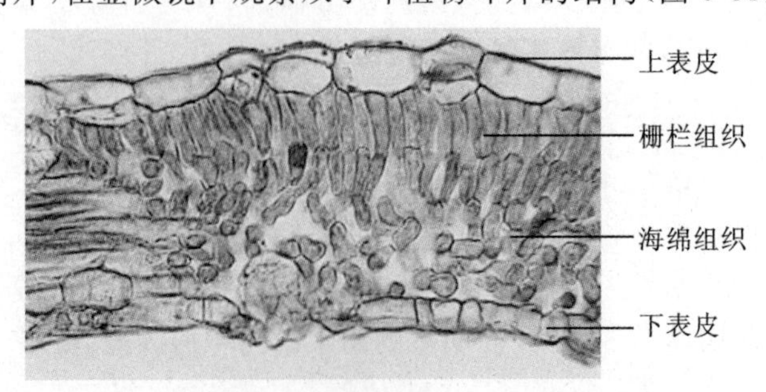

图 5-38　蚕豆叶横切面结构

(1) 表皮：位于叶的最外层，有上、下表皮之分，各由一层排列紧密的细胞组成，下表皮一般分布有较多的气孔。估计视野中气孔的数目，并对同一叶片的上、下表皮上的气孔进行计数。

(2) 叶肉：上、下表皮之间的薄壁组织，可分栅栏组织和海绵组织，内含叶绿体，为异面叶。栅栏组织位于上表皮之下，由含有叶绿体、排列紧密、长圆柱状的细胞构成。海绵组织位于栅栏组织的下方，与下表皮相接，由排列疏松、近圆形、含较小叶绿体的细胞组成。

(3) 叶脉：在叶肉中的维管束是叶脉，中央粗大的为主脉。一般由木质部和韧皮部组成，木质部在上，韧皮部在下。

(二) 单子叶植物叶片的结构

取新鲜的小麦叶，做横切简易装片(徒手切片，用土豆做夹持材料)，对照观察小麦叶横切永久制片，观察单子叶植物叶片的结构(图 5-39 和图 5-40)。

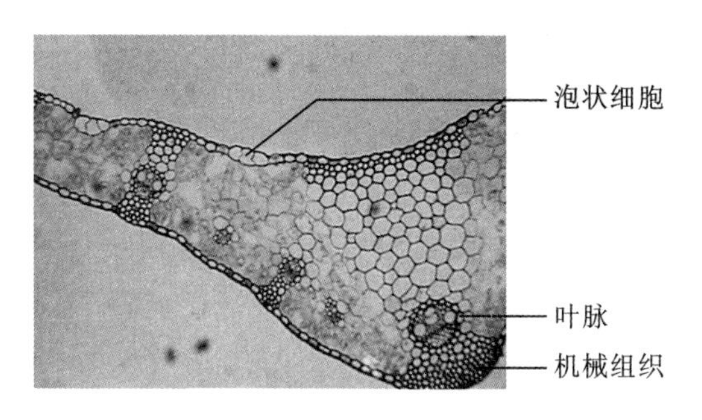

图 5-39　小麦叶横切面结构

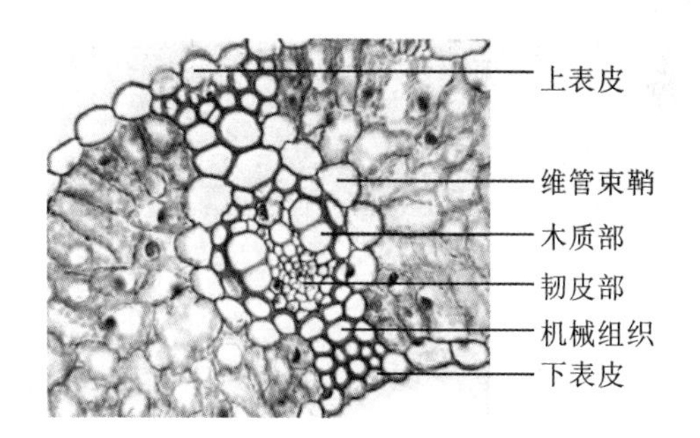

图 5-40　小麦叶横切面叶脉放大图

(1) 表皮：由上、下表皮组成，其中分布有气孔和运动细胞，上、下表皮均有气孔，上表皮还有运动细胞，呈扇形排列。估计视野中气孔的数目，并对同一叶片的上、下表皮上的气孔进行计数。

(2) 叶肉：无栅栏组织和海绵组织的分化，叶肉细胞都呈圆形，内含叶绿体。

(3) 叶脉：由初生木质部与初生韧皮部组成，无形成层。

(三) 裸子植物叶的结构

取新鲜雪松叶，做横切简易装片(徒手切片，用土豆做夹持材料)，对照观察松针叶横切永久制片，可看到下列结构特征。

(1) 表皮：由一层厚壁细胞组成，外面覆盖很厚的角质层，气孔生于表皮凹陷之内，有一对保卫细胞及副保卫细胞。气孔下面有一个较大的气室。估计视野中气孔的数目。表皮之下有 1～3 层厚壁组织细胞。

(2) 叶肉：位于下皮层和内皮层之间，细胞壁向内形成许多突起，叶绿体沿着突起表面分布，以便增加受光面积，叶肉内可看到树脂道。

(3) 维管束：位于内皮层之内，叶的中部，分为左、右两束，每束均包括木质部和韧皮部，在维管束和内皮层之间，有薄壁细胞围绕着，这些细胞称为转输组织。

(四) 旱生植物叶片的构造

取新鲜夹竹桃叶片做横切徒手切片，除了可以观察到双子叶植物叶片的典型结构栅栏组织、海绵组织和叶脉以外，还可以观察到下列旱生植物叶片的结构特征(图 5-41)。

(1) 复表皮：由 2～4 层细胞构成，细胞排列紧密，有发达的角质层，特称复表皮。一般植物的表皮只有一层细胞。夹竹桃叶的表皮细胞具有较厚的角质膜，外层表皮起保护作用，内层细胞通常具有贮水作用,使植物更加适应干旱环境。

(2) 气孔窝:由气孔和气孔周围的表皮毛构成。下表皮上有一部分细胞构成下陷的气孔窝,在下陷气孔窝里的表皮细胞常特化成表皮毛,气孔位于下表皮构成的气孔窝里,可以减少水分蒸腾(图 5-42)。

(3) 多层栅栏组织:多数植物叶肉的栅栏组织只有一层细胞,但夹竹桃叶的栅栏组织具有3～4 层细胞,甚至靠近下表皮的叶肉也形成栅栏组织,海绵组织仅分布在叶片横切面的中部。

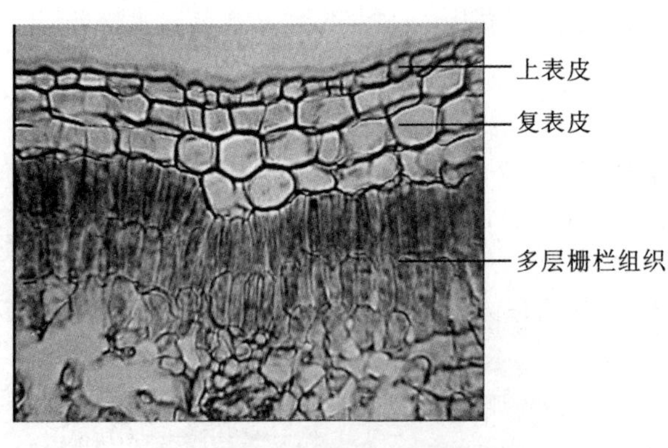

图 5-41　夹竹桃叶片横切面结构

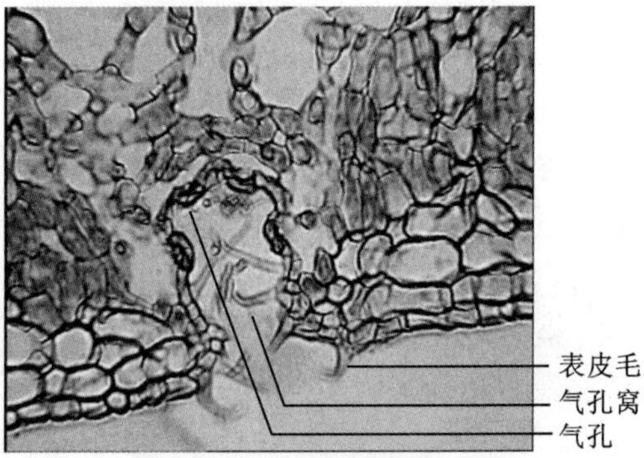

表皮毛
气孔窝
气孔

图 5-42　夹竹桃叶横切面气孔窝

六、实验报告

(1) 绘蚕豆(或女贞、桃树)叶的结构图,注明下列结构:上表皮、下表皮、海绵组织、栅栏组织、叶脉。

(2) 绘夹竹桃叶的结构图,注明下列结构:角质层、复表皮、栅栏组织、海绵组织、气孔窝、叶脉。

(3) 结合夹竹桃叶片的结构特征,说明夹竹桃为什么能适应干旱环境。

(4) 以显微镜下观察到的新鲜植物为例,统计叶片上、下表皮不同区域每平方毫米的气孔数目,二者有何不同?

 实验 10 花的组成与花粉萌发

一、目的与要求

(1) 掌握花的解剖方法。

(2) 了解被子植物花的组成和各部分的特点。

(3) 理解花和花序的类型,能够通过解剖和观察初步确定未知花序的类型。

(4) 掌握花粉的萌发和花粉管的生长过程。

二、实验原理

花由着生在花托上的萼片、花瓣、雄蕊和雌蕊等组成,一朵完整的花由五部分组成,即花梗、花托、花被、雌蕊群和雄蕊群。其中,花被又包括花冠和花萼两部分。一般认为花是变态的枝条,花的各部分可视为变态的叶子。花是被子植物主要的繁殖器官,花的形成与被子植物的生殖有关。植物的亲缘关系相近,花的结构与组成也相似。因此,认识花的结构与花序的种类,也是识别植物的重要基础。

三、试剂与器具

(1) 试剂:5%甲醛溶液、50%甘油、0.1%硼酸、0.1%~0.2%蔗糖溶液、蔗糖、醋酸洋红液(或棉蓝)、蒸馏水等。

(2) 器具:解剖镜、光学显微镜、放大镜、手术刀、双面刀片、镊子、凹面载玻片、盖玻片、恒温培养箱、培养皿等。

四、实验材料

(1) 新鲜材料:桃、油菜(或白菜)、蚕豆(或刺槐)、白玉兰(或含笑)、月季、紫丁香、黄瓜、向日葵、百合、小麦等的花。

(2) 永久制片:百合花药横切永久制片。

五、内容和方法

(一) 花的组成及解剖观察

1. 花的解剖方法

花的解剖方法有两种:一种是过花的中轴做纵行解剖;另一种是自外向内按顺序剥取花的各部分,逐层观察。前者便于观察花托的形状、各轮花器官与花托之间的关系,后者适用于观察各轮花器官的数目、联合情况等。开花时,一般雌蕊较小,注意从形态和结构上分辨单心皮雌蕊、离生心皮雌蕊和合生心皮雌蕊。合生心皮可以通过分离的柱头或花柱判断心皮的数目,也可以通过横剖子房观察,这样既可以了解心皮的数目,又可以观察到不同的胎座类型。

2. 花的组成及特点

观察下列植物花的类型:桃、油菜(或白菜)、蚕豆(或刺槐)、黄瓜、向日葵、百合、小麦等。

判断是完全花还是不完全花,两性花还是单性花,整齐花还是不整齐花。观察下列植物花冠的类型。

(1) 桃花:花托杯状,因其子房壁不与花托结合,故为子房上位。

(2) 月季花:花托杯状,心皮多数,离生,生长在下凹的花托上,子房上位。

(3) 油菜花:6 枚雄蕊分为 2 轮,内轮 4 枚长而外轮 2 枚短,称为四强雄蕊。

(4) 蚕豆花:花冠 5 枚,排列成蝶形,称为蝶形花冠。雄蕊 10 枚,9 枚联合 1 枚分离,称为二体雄蕊。

(5) 向日葵花:有 2 种小花。在花序边缘的是舌状花,不育;花序中央的是管状花,管状花花冠联合,呈管状,花萼特化成 2 托片,雄蕊的花药联合成聚药雄蕊,子房下位。

(6) 百合花:花萼花瓣均为 3 枚,同型,内、外两轮排列,称为花被片;柱头有黏性,湿柱头。

(7) 小麦花(或水稻花):为穗状花序,由无柄小花生于小穗轴上构成;小穗基部有 2 个颖片,卵圆形,下方为外颖,上方为内颖;小花 3~9 朵,互生,上部常不发育。小花(颖花),最外为外稃和内稃,外稃中脉明显,有时延长成芒,内稃薄膜状;紧贴子房基部有 2 个浆片,小、薄膜状;雄蕊 3 枚,花药花丝伸出稃片;雌蕊 1 个,柱头二裂成羽毛状,花柱短,子房球形,上位。

(二) 花序类型的观察

1. 无限花序

开花期间,花轴的顶端继续向上生长,并不断产生花,花由花轴下部依次向上开放,或由边缘向中间开放,这种花序称为无限花序。

(1) 总状花序:荠菜、紫藤、地黄等。

(2) 穗状花序:车前草、马鞭草、牛膝等。

(3) 肉穗花序:马蹄莲、半夏、天南星科植物野芋等。

(4) 柔荑花序:柳、杨等。

(5) 伞房花序:梨、绣线菊等。

(6) 伞形花序:人参、三七、韭菜等。

(7) 头状花序:向日葵、菊科植物菊花等。

(8) 隐头花序:无花果、榕树、薜荔等。

2. 有限花序

植物在开花期间,花序中最顶点或最中心的花先开,由于顶花的开放限制了花序轴顶端的继续生长,因此开花的顺序是从上往下或从中心向周围开放。这种花序称为有限花序或离心花序。

(1) 单歧聚伞花序:菖蒲、紫草等。

(2) 二歧聚伞花序:繁缕、卫矛等。

(3) 多歧聚伞花序:大戟、泽漆等。

(4) 轮伞花序:薄荷、益母草等。

(三) 花药的基本结构和胚囊的观察

1. 百合花药横切永久制片观察

取幼嫩百合花药横切永久制片,观察雄蕊花药结构,横切面上花药形似蝴蝶,分为左、右两半,两侧共有 4 个花粉囊,花粉囊壁细胞多层。中间以药隔相连,药隔中有一束维管束。

最外一层为排列整齐的表皮细胞;药室内壁是紧邻表皮的较大且近方形的一层细胞;中层有 2 或 3 层细胞,细胞较小,常扁平;最内层为绒毡层,细胞较大,多核,富含营养,可向药室内分泌各种物质,具有腺细胞的特点。花粉囊内含大量未成熟的花粉。

成熟百合花药横切面结构的不同之处是中层和绒毡层均已退化消失,仅留有痕迹,药室内壁细胞已出现条状纤维加厚的细胞壁变成纤维层,花粉囊内有大量成熟的花粉(见图 5-43)。

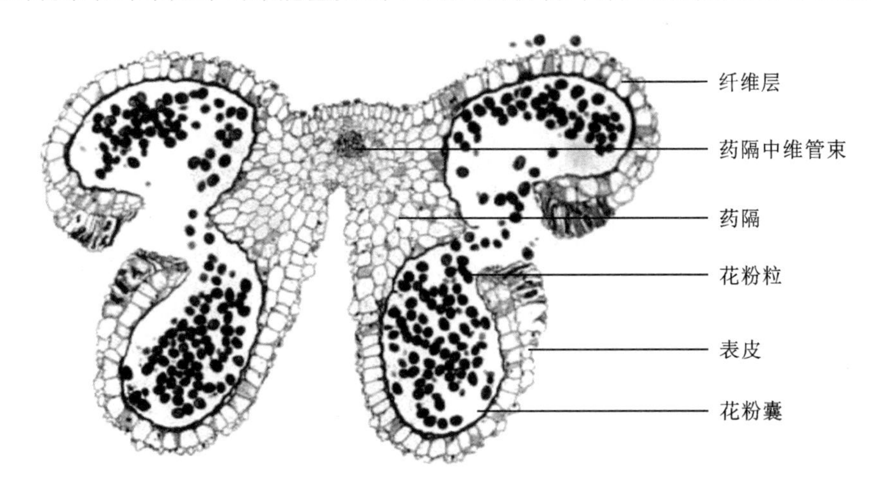

图 5-43 成熟百合花药横切面结构

2. 花粉粒的形态观察

取百合花药一个,置于载玻片上用镊子轻压,使花粉粒散开并黏附在玻片上,用 0.1%～0.2%蔗糖溶液装片,观察,花粉粒呈长椭圆形,黄色,原生质浓厚;花粉壁分为外壁和内壁两层,外壁有网状雕纹,有一个萌发沟,壁厚,内壁薄,内有两个细胞,其中较大的为营养细胞,另一个为呈纺锤形的生殖细胞。

(四) 花粉的萌发

花粉体外萌发实验是将花粉撒布在固体或液体培养基上进行离体培养,观察花粉萌发率及生长状况。常采用比较简单的液体培养法,选取百合花粉或蚕豆花粉等均可。

1. 培养液的准备

取蔗糖 10 g、蒸馏水 100 mL,加热溶解,加入 0.1%硼酸数滴。

2. 花粉粒的培养

将刚刚开裂的花药中的花粉轻轻抖动,使花粉撒在备好的纸上,再将适量花粉撒在凹面载玻片上,并加 1～3 滴液体培养基,把这些载玻片平放在大培养皿中,周围放上几个浸透清水的湿棉球,加盖,置于恒温培养箱中,温度以 17～20 ℃为宜,时间为 20～30 min。

3. 镜检和统计

取出载玻片,加醋酸洋红液(或棉蓝)染色后观察。可以看到花粉粒的萌发孔处伸出了一根小管,这就是花粉管(图 5-44),注意花粉萌发后细胞核的位置以及原生质体的状态。观察各种植物花粉在培养基中的萌发情况,并统计萌发率。

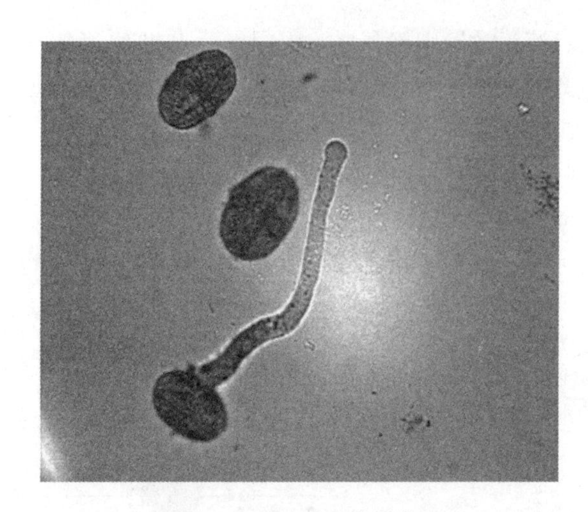

图 5-44　蚕豆花粉管的萌发

六、实验报告

(1) 记录所观察的花、花冠、雄蕊、雌蕊及花序,确定其属于何种类型。

(2) 绘桃花纵切面图,注明各主要部分的名称。

(3) 绘百合花药横切面图,示花药构造及药粉粒。

(4) 选取某开花植物的花粉做萌发实验,统计低倍镜下 5 个视野中的花粉萌发率。

(5) 为什么说花是适应生殖功能的变态的枝条?

 实验11 胚的发育及果实的结构与类型

一、目的与要求

(1) 掌握胚囊的发育及结构。

(2) 了解果实的构造及与种子的关系,能够正确辨别外、中、内果皮和种子。

(3) 理解果实的各种类型、特征及分类依据,能够初步确定未知果实的类型。

二、实验原理

受精卵经过一段时间的休眠后开始分裂,形成两个细胞的原胚,珠孔端较大的细胞是基细胞,合点端较小的细胞是顶细胞。顶细胞进一步发育,经球形胚、心形胚、鱼雷形胚,最终发育为成熟胚。基细胞参与或不参与胚的发育。与此同时,极核受精形成的受精极核发育,形成胚乳。胚与胚乳是种子的两个重要部分。

被子植物大多是由果实和种子传播后代的。植物的果实由受精后雌蕊的子房膨大发育而成。果实由种子和果皮组成,而果皮是由子房壁发育而来,子房壁分外、中、内三层,分别发育成果实的外、中、内三层果皮,三层果皮视果实种类而异;子房内着生胚珠,胚珠发育成种子。一朵花的单雌蕊或合生雌蕊发育形成的果实为单果,由花中多个离生雌蕊发育形成的果实为聚合果,而由花序发育而来的果实为聚花果。另外,根据成熟时果皮的形态特点、子房的结构和胎座的类型等,可以将果实分成不同的类型。

三、试剂与器具

显微镜、解剖镜、放大镜、镊子、刀片、解剖针、培养皿。

四、实验材料

(1) 新鲜材料:桃、苹果、草莓、八角、蓖麻、莲蓬、菠萝、番茄、葡萄、香蕉、黄瓜、橘子或橙子、花生、葵花子、板栗、榛子、玉米、水稻、槭树等的果实。

(2) 永久制片:

① 百合不同发育时期子房横切永久制片;

② 荠菜幼胚纵切永久制片;

③ 荠菜成熟胚纵切永久制片。

五、内容和方法

(一) 胚囊的发育及结构

1. 百合胚囊的发育与结构

取百合子房的横切永久制片,置于显微镜下观察,可看到子房由三室组成,横切面上每室有两个胚珠,判断是什么类型的胎座,观察珠柄、珠被、合点、珠孔、珠心等结构。然后判断是什么类型的胚珠,在珠心中找出胚囊,判断胚囊发育处在哪个阶段。注意胚囊是囊状的立体结构,需要观察连续的切片,才能弄清胚囊的全貌。

百合胚囊的发育一般经历胚囊母细胞时期、减数分裂时期、后四核胚囊时期和成熟胚囊时

期,根据形成方式,其胚囊也被称为贝母型胚囊。

2. 荠菜胚和胚乳的发育

(1) 荠菜幼胚(图5-45):取荠菜幼胚纵切永久制片,置于低倍镜下,挑选其中比较完整并接近通过中央部位的胚珠纵切面,做进一步观察,注意辨认胚珠的各结构部位,特别要注意区分珠孔和合点端。然后转换为高倍镜,仔细观察这一选好的胚珠切面,可见到弯生胚珠的胚囊内合子已发育成幼小的胚胎,在紧挨珠孔的内侧,有一个大型的细胞,它与一列细胞相连,共同组成柄状结构,即为原胚或分化胚(心形胚时期)。

(2) 荠菜成熟胚(图5-46):取荠菜成熟胚纵切永久制片,置于显微镜下观察,可见荠菜成熟胚呈弯形,两片肥大的子叶位于远珠孔的一端,夹在两片子叶之间的小突起,即为胚芽,与两片子叶相连成为胚轴。胚轴以下为胚根,此时,珠被发育为种皮,整个胚珠发育成种子。

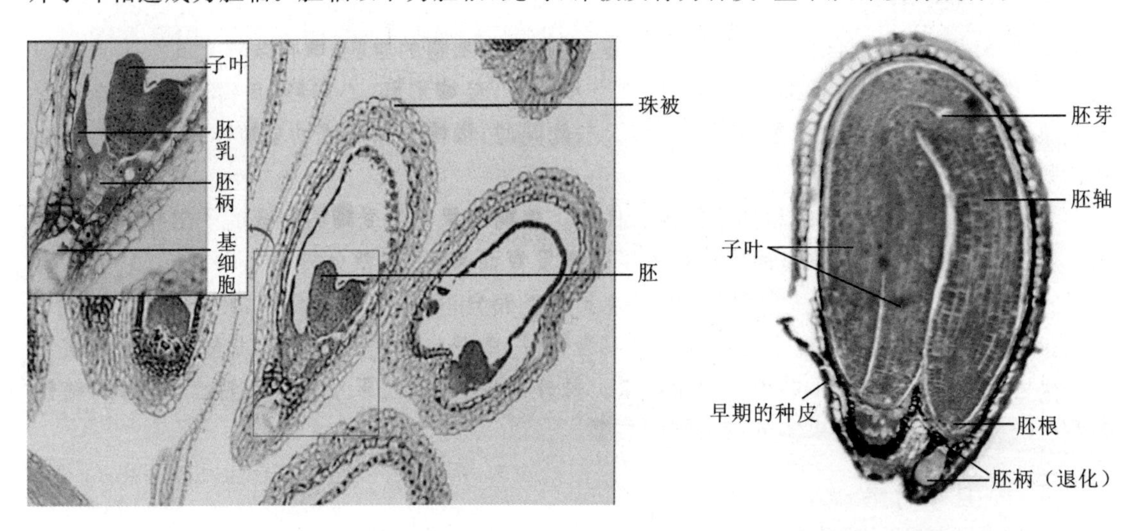

图5-45 荠菜幼胚　　图5-46 荠菜成熟胚

(二) 果实的结构和类型

1. 真果与假果

(1) 真果:取桃的果实,将其纵剖,观察桃的果实的纵剖面。最外一层膜质部分为外果皮,其内肉质肥厚部分为中果皮,是食用部分,中果皮里面是坚硬的果核,核的硬壳即为内果皮,这三层果皮都由子房壁发育而来。敲开内果皮,可见一颗种子,种子外面被有一层膜质的种皮。

(2) 假果:取苹果观察,果柄相反的一端有宿存的花萼,苹果是下位子房,子房壁和花筒合生,用刀将苹果横剖,可见横剖面中央有5个心皮,心皮内含有种子,心皮的壁部(即子房壁)分为三层,内果皮由木质的厚壁细胞组成,纸质或革质,比较明显;中果皮和外果皮的界限不明显,均肉质化。近子房外缘为很厚的肉质花筒部分,是食用部分。通常花筒中有萼片及花瓣维管束10枚,环状排列。

注意假果(苹果)与真果(桃)的差异。

2. 果实的类型

1) 单果

单果由一朵花中的单雌蕊和合生雌蕊发育而来,可分为肉质果和干果两大类。

(1) 肉质果。果实成熟后,肉质多汁。依据果实的性质和来源不同,又可分为以下5种。

① 核果:由一至多心皮组成。还是以桃为例,外果皮薄,中果皮肉质,为主要食用部分,内

果皮坚硬，包在种子的外面，种子常为1粒。还有李、杏、樱桃等。

② 浆果：取一个番茄，做横切，可以看到，外果皮薄，中果皮和内果皮均肉质化并多汁液，内含一粒或多粒种子，胎座非常发达，是食用的主要部分。除了番茄，还有葡萄、茄子、香蕉等果实也属于浆果。

③ 柑果：取一个橘子，做横切，可以观察到，外果皮革质，中果皮较疏松，分布有维管束；中间隔成瓣的部分是内果皮，里外着生种子，向内生许多肉质多汁的毛囊，是食用的主要部分。如柑橘、柚子、柠檬等。柑果是芸香科植物所特有的。

④ 瓠果：由下位子房发育而成的假果。以西瓜为例，花托和外果皮结合为坚硬的果壁，中果皮和内果皮肉质，胎座发达，为主要食用部分。瓠果是葫芦科植物所具有的特征。

⑤ 梨果：由花托、花冠和下位子房愈合发育而成的假果。以苹果为例，花筒形成的果壁与外果皮及中果皮均肉质化，是主要的食用部分，内果皮纸质或革质化。还有梨、山楂等。

(2) 干果。果实成熟后果皮干燥，依据其是否开裂可分为裂果和闭果两类。

① 裂果：成熟后果皮裂，因心皮数目及开裂方式不同，又分为下列4种。

a. 荚果：荚果是豆科植物所特有的。果实成熟时沿腹缝线和背缝线裂开，果皮裂成2片，如大豆、豌豆的果实，但也有不开裂的，如花生的荚果。

b. 蓇葖果：由单雌蕊发育而成的果实，但成熟时，仅沿一个缝线裂开(腹缝线或背缝线)。如梧桐、芍药、牡丹的果实。

c. 角果：十字花科植物的果实属此类，由2心皮组成，具假隔膜。有长、短角果之分，如白菜、油菜、萝卜等，角果细长，叫长角果；荠菜、独行菜等，角果很短，叫短角果。

d. 蒴果：由复雌蕊发育成的果实，成熟时有各种开裂方式，有的背裂，如棉花；有的孔裂，如罂粟；有的果实盖裂，如马齿苋、车前等。

② 闭果：果实成熟后，果皮不开裂。分为以下5种。

a. 瘦果：果实小，成熟时只含1粒种子，果皮与种皮分离。以向日葵种子为例，种皮很容易分成两份，外果皮坚硬，内种皮膜质，内含1粒种子。

b. 颖果：玉米、小麦、水稻等禾本科植物所特有的果实，子房一室，含1粒种子，果皮与种皮合生，不易分离，从这一点可以将其与瘦果区别开来。

c. 翅果：果皮向外延伸成翅，内含1粒种子，有利于果实的传播，如榆树、糖槭树、臭椿等。

d. 坚果：果皮坚硬，内含1粒种子，果皮与种皮分离，有些植物的坚果包藏于总苞内。如板栗、榛子等。

e. 双悬果：胡萝卜、芹菜等伞形科植物的果实。由2个或2个以上心皮构成，各室含1粒种子，播种时要注意揉搓。

2) 聚合果

许多单果聚生在同一花托上。聚合果根据小果的不同而分为多种，如草莓是许多小瘦果聚生在肉质的花托上，称为聚合瘦果，悬钩子是聚合核果，八角、芍药是聚合蓇葖果，莲是聚合坚果。注意上述各聚合果的小单果在花托上着生的情况。

3) 聚花果

由整个花序发育成果实。如菠萝、桑葚、无花果等。菠萝就是由一个花序发育而来，外面坚硬的皮包被是一朵朵小花，可食用部分是膨大的花轴；桑葚由一个柔荑花序发育而成，每个小果实为小坚果，而萼片变为肉质多浆的结构包围于小坚果之外；无花果由一个隐头花序形成。

六、实验报告

(1) 完成表 5-2。

表 5-2　果实类型及特征

果实类型				植物名称	主要特征	果实由花的哪部分发育而来
单果	肉质果		浆果			
			瓠果			
			柑果			
			核果			
			梨果			
	干果	裂果	荚果			
			蓇葖果			
			蒴果			
			角果			
		闭果	瘦果			
			坚果			
			颖果			
			翅果			
			双悬果			
聚合果						
聚花果						

(2) 绘荠菜成熟胚的结构简图。

(3) 绘草莓的纵切面图或橘子的横切面图,并注明各部分的名称。

(4) 如何区别单果、聚合果和聚花果?

 实验 12 C_3和C_4植物叶的比较解剖

一、目的与要求

通过观察，比较C_3和C_4植物叶的内部结构，理解C_4植物光合作用效率高的原因。

二、实验原理

C_3植物也叫三碳植物，指光合作用中同化二氧化碳（CO_2）的最初产物是三碳化合物3-磷酸甘油酸的植物。C_3植物的光呼吸作用强，CO_2补偿点高，光合效率低。如小麦、水稻、大豆、棉花等大多数作物均为C_3植物。

C_4植物能利用强日光下产生的ATP（三磷酸腺苷）促进PEP（磷酸烯醇式丙酮酸）与CO_2的结合，提高强光、高温下的光合速率，在干旱时可以部分地收缩气孔，减少蒸腾失水，而光合速率降低的程度就相对较小，从而提高了水分在C_4植物中的利用率。这些特性在干热地区有明显的选择上的优势。C_4植物主要是那些生活在干旱热带的植物。在这种环境中，植物若长时间开放气孔吸收CO_2，会导致水分通过蒸腾作用过快地流失。因此，植物只能短时间开放气孔，CO_2的摄入量必然少。植物必须利用这少量的CO_2进行光合作用，合成自身生长所需的物质。

C_4植物光合作用最初产物为四碳化合物类，C_4植物叶片维管束的薄壁细胞较大，含有许多较大的叶绿体，光合作用较强。而且C_4植物维管束鞘的外侧有一层花环状排列的叶肉细胞，组成花环型（Kranz type）结构，光合作用效率较高。C_4型植物有单子叶植物禾本科、莎草科，双子叶植物菊科、大戟科、藜科和苋科，如玉米、甘蔗、高粱、苋菜等。C_3植物光合作用最初产物为三碳化合物类，C_3植物叶片维管束鞘的薄壁细胞较小，不含或含很少的叶绿体，也没有花环型结构，维管束鞘周围的叶肉细胞排列松散，因此光合作用效率要低于C_4植物。

三、试剂与器具

自己查阅相关文献资料，设计实验流程，提前一周告诉老师所需的药品及器具。

四、实验材料

选择身边或校园内的新鲜植物材料，自己准备C_3植物的叶片1～2种、C_4植物的叶片1～2种，提前采集并保证材料新鲜，上实验课时带至实验室。

五、内容和方法

根据所查阅的相关文献资料，按照自己设计的实验流程来进行实验。观察C_3和C_4植物叶的内部结构，并比较二者结构的差异。

六、实验报告

（1）为什么C_4植物的光合作用效率比C_3植物的高？

（2）根据自己所选的新鲜实验材料，绘制C_3和C_4植物叶横切面结构图。

实验 13 种子植物营养器官对不同生境的适应对策

一、目的与要求

(1) 对不同生境条件下植物的营养器官进行解剖观察,比较、分析种子植物营养器官对不同生境的适应对策。

(2) 掌握水生植物与旱生植物的根、茎、叶形态与结构的不同。

(3) 熟悉阳生植物与阴生植物叶的形态结构。

(4) 识别常见种子植物营养器官的变态类型。

二、实验原理

由于环境的变化,植物器官因适应某一特殊环境而改变它原有的功能,因而也改变了其形态和结构,经过长期的自然选择,已成为该种植物的特征,这种由于功能的改变所引起的植物器官的一般形态和结构上的变化称为变态。

依据植物所需水分的多少,把植物分为旱生植物、中生植物、湿生植物和水生植物等;根据植物对光的需求多少,把植物分为阴生植物和阳生植物。

(一) 水生与旱生植物

1. 水生植物

水生植物一般指能够在水环境中生活的高等植物,可以分为沉水植物、挺水植物和漂浮植物。

(1) 沉水植物:沉水植物往往根系少或无根系,这主要由于其茎叶表面角质层或蜡质层薄,溶于水的养分能够不同程度地透过其表面进入植株体内。沉水植物通常没有机械组织的发育和分化或发育不完全,细胞的木质化程度低;茎的皮层中虽没有明显的通气组织,但茎中央有一个大气腔,木质部中有气腔,其内储藏着大量的空气,以适应缺氧的水环境;叶肉组织中没有明显的栅栏组织和海绵组织分化,其内有发达的气腔、气道等通气组织;多数沉水植物的叶脉中没有机械组织和明显的导管发育与分化;沉水植物的茎大多数柔和而纤细,呈绿色,节间长,叶片线形,带状或很薄,有的叶片呈羽状细裂,有的叶片甚至透明,表皮上没有气孔的发育或缺少具功能的气孔。沉水植物有黑藻、金鱼藻、菹草、苦草、水毛茛等。

(2) 挺水植物:挺水植物的根或根状茎生长在水的底泥之中,茎、叶挺出水面;常分布于 0～1.5 m深的浅水处,其中有的种类生长于潮湿的岸边。这类植物在空气中的部分,具有陆生植物的特征;生长在水中的部分(根或地下茎),具有水生植物的特征。常见的挺水植物有芦苇、蒲草、荸荠、莲(荷花)、水芹、茭白、香蒲、泽泻、水葱等。

(3) 漂浮植物:根不着生在底泥中,整个植物体漂浮在水面上的一类浮水植物。这类植物的根通常不发达,体内具有发达的通气组织,或具有膨大的叶柄(气囊),以保证与大气进行气体交换。如满江红、槐叶萍、大薸、浮萍、田字萍、凤眼莲等。

2. 旱生植物

旱生植物的共同特点:植物体形矮小,体积比较小,根系发达或不发达;叶主要朝着减少水分散失的方向发展,叶常发育不全,小而厚,多绿色,或退化成鳞片状、膜状,或为肉质化肥厚的草本植物，叶肉栅栏组织发达，排列紧密，内有大量的贮水组织；茎绿色，是光合作用的器官，甚至是唯一的器官；表皮细胞外壁特别厚，角质膜发达，气孔下陷或成孔窝，气孔窝内还丛生表皮毛，以抑制水分蒸腾，甚至具有复表皮；皮层比例大，细胞排列紧密，外围一至数层厚角组织细胞内含有丰富的叶绿体，内侧数层细胞内的大液泡构成贮水组织；有些种类还有黏液细胞、晶细胞等。有的多浆植物叶脉细小，输导组织、机械组织不发达；有些旱生植物的叶具有发达的叶脉和机械组织。

常见的旱生植物有夹竹桃、仙人掌、芦荟、龙舌兰、沙拐枣、针茅等。

（二）阳生植物与阴生植物

1. 阳生植物

阳生植物也称阳地植物，其叶受光、受热较强烈，因而趋于旱生植物叶的结构特征，一般叶片较厚、较小，角质膜厚，栅栏组织和机械组织发达，叶肉细胞间隙小。

2. 阴生植物

阴生植物因长期处于隐蔽条件下，其结构常倾向于水生植物的特点。叶片一般大而薄，角质膜薄；栅栏组织不发达，细胞间隙较大，而海绵组织占据叶肉的大部分空间，叶绿体较大，表皮细胞中常含有叶绿体，可利用散射光进行光合作用。

（三）营养器官的变态

（1）根的变态：储藏根、支柱根、攀援根、寄生根、气生根、板状根等。

（2）茎的变态：根状茎、块茎、鳞茎、球茎、茎刺、茎卷须等。

（3）叶的变态：苞片、叶刺、叶卷须、捕虫叶等。

三、试剂与器具

自己查阅相关文献资料，设计实验流程，提前一周告诉老师所需的药品及器具。

四、实验材料

选择身边或校园内的新鲜植物材料，提前采集并保证材料新鲜，上实验课时带至实验室。

五、内容和方法

根据自选的实验材料，进行徒手切片或解剖及用放大镜观察等，完成水生植物和旱生植物营养器官特别是叶结构的比较解剖观察，完成阳生植物和阴生植物营养器官特别是叶结构的比较解剖观察，完成种子植物营养器官变态类型的观察。

六、实验报告

观察实验植物材料后完成表 5-3、表 5-4、表 5-5。

表 5-3 水生植物与旱生植物营养器官特点比较

植物名称及类型（水生、旱生）	根（根系、根毛、组织结构等）	茎（质地、气腔、组织结构等）	叶（叶片、叶柄、叶肉、气孔、组织结构等）

表 5-4　不同植物叶片形态结构比较

植　　物									
叶形、大小									
厚度、质地									
气孔/视野(10×倍数)									
表皮附属物									
叶肉细胞									
其他突出特征									
生长环境									

表 5-5　植物变态营养器官类型比较

植物名称	变态器官	变态后的功能	鉴别依据及特征

6 植物分类学

 实验 14 藻类、菌类和地衣

一、目的与要求

(1) 通过对各类群代表植物的观察，进一步了解藻类、菌类和地衣三大类群的主要特征及生活环境，确立生物体的形态构造、生殖过程与生活环境相适应的观点。

(2) 通过观察思考，比较藻类、菌类与地衣三者的异同点，了解三大类群的生活史，正确理解它们在植物界系统演化中的地位。

(3) 学习和掌握藻类、菌类与地衣植物实验观察的基本方法。

二、实验原理

广义的植物界中，藻类、菌类与地衣属于低等植物范畴，它们结构简单，无根、茎、叶分化，生殖器官一般为单细胞，少数为多细胞，合子不发育成胚。藻类是一群古老的、具光合色素的、自养的原植体生物，多营水生生活。菌类是一群不含光合色素的、异养的生物，包括细菌、黏菌和真菌，它们在营养方式上与绿色植物完全不同，但按传统两界系统仍把菌类归入植物界。地衣是真菌和藻类的共生体。

本实验选择典型的代表种类作为观察材料，通过对代表植物的外部形态以及内部解剖结构的观察，对藻类、菌类与地衣植物有一个较为全面和系统的认识和理解。

三、试剂与器具

(1) 试剂：稀碘液。

(2) 器具：显微镜、镊子、解剖针、载玻片、盖玻片、滴管、蒸馏水、擦镜纸、吸水纸、培养皿。

四、实验材料

(1) 藻类材料具体如下。

① 颤藻属(*Oscillatoria*)、念珠藻属(*Nostoc*)、衣藻属(*Chlamydomonas*)、水绵属(*Spirogyra*)、舟形藻属(*Navicula*)、羽纹藻属(*Pinnularia*)、紫菜(*Porphyra tenera*)及海带(*Laminaria japonica*)干制品或浸制材料等。

② 常见绿藻门、红藻门、褐藻门植物的腊叶标本。

③ 永久制片：螺旋藻、小球藻、团藻、水绵接合生殖、海带成熟孢子体永久制片。

(2) 菌类材料:根霉属(*Rhizopus*)、青霉属(*Penicillium*)、酵母菌属(*Saccharomyces*)、蘑菇属(*Agaricus*)、侧耳属(*Pleurotus*)等菌类;常见大型真菌腊叶标本或浸泡标本。

(3) 地衣植物:3种形态(枝状、叶状和壳状)地衣纵切永久制片。

五、内容和方法

(一) 藻类

1. 蓝藻门

1) 颤藻属(*Oscillatoria*)

颤藻属隶属颤藻目(Oscillatoriales)颤藻科(Oscillatoriaceae)。分布广,常生长在富含有机质的浅水沟渠中或潮湿的土表,外观为蓝绿色的膜状物。其藻丝有特征性的滑行及摆动运动,因而得名。实验前的一两天将采来的材料放置在小烧杯中,加适量水,以不淹过材料为宜,它们可借滑行、摆动移到杯壁上。

用镊子或解剖针挑取颤藻丝状体制成临时装片,置于显微镜下观察。低倍镜下,可见到许多由一列短圆形、方形或盘形的细胞组成的不分支的丝状体(图6-1)。注意观察藻体的运动方式,颤藻属的许多种类能纵向爬行,并围绕纵轴做旋转运动。旋转的方向是不变的,有些种类是按逆时针方向旋转,有些则是按顺时针方向旋转。冬季可用酒精灯适当微热促其运动。

2) 念珠藻属(*Nostoc*)

念珠藻属隶属念珠藻目(Nostocales)念珠藻科(Nostocaceae)。具异形胞,以厚壁孢子和藻殖段繁殖,为固氮蓝藻,常生于潮湿的岩面及土表。念珠藻属种类均具胶质包被,胶质体形态多样,有球状、片状或丝状。普通念珠藻(*N. commune* Vanch.,图6-2),又名地木耳,为片状胶质体,显微镜下观察,可见胶质内有许多念珠状细胞串连成的不分支丝状体。

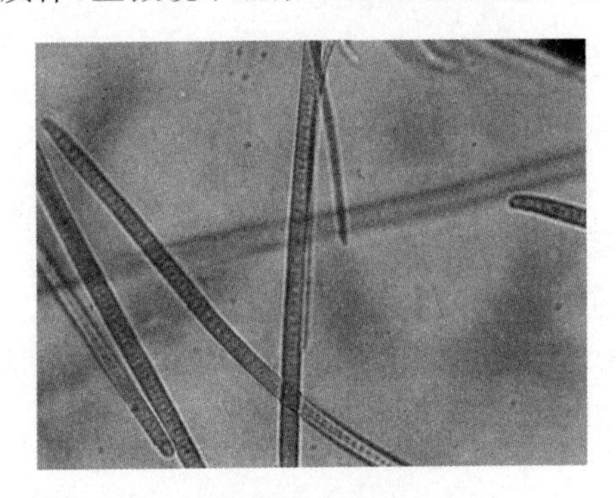

图6-1 颤藻

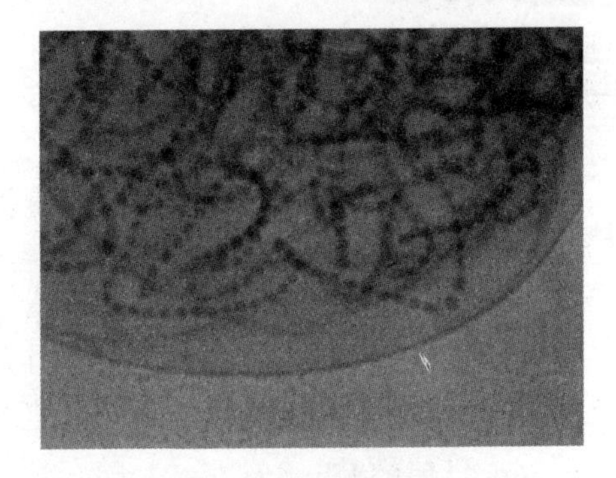

图6-2 普通念珠藻

2. 绿藻门

1) 水绵属(*Spirogyra*)

它是接合藻纲(Conjugatophyceae)双星藻目(Zygnematales)双星藻科(Zygnemataceae)最常见的属。多分布于淡水池塘、稻田、沟渠等水体中,生长繁盛时外观呈碧绿色、棉絮状,其细胞外壁具丰富的果胶质,用手触摸有黏滑感。取少量新鲜水绵藻丝制作临时装片,于低倍镜下观察,其植物体为一列柱状细胞构成的不分支丝状体(图6-3)。水绵的有性生殖有侧面接合、梯形接合两种方式,最常见的为梯形接合(图6-4)。

若条件允许,可在水绵发生接合生殖的春、秋季节采集新鲜材料观察。水绵接合生殖时期藻体颜色由碧绿色转变为黄绿色,采集漂浮于水面上的黄绿色丝状体,为进一步确认,可用放大镜在阳光下观察，若隐约可见藻体上有黑褐色的点(为已经形成的合子)，说明水绵处于接合生殖期间。也可室内诱导水绵接合生殖。新鲜材料有利于观察水绵接合生殖的一系列动态过程：接合管的产生与形成、原生质体的浓缩与运动、配子的结合与合子的形成。

2) 衣藻属(*Chlamydomonas*)

衣藻属隶属绿藻纲(Chlorophyceae)团藻目(Volvocales)衣藻科(Chlamydomonadaceae)，如图 6-5 所示。在有机质丰富的淡水水体或潮湿的土壤中普遍分布。取衣藻永久制片(或含衣藻的水样)观察，在低倍镜下可看到卵形、球形或梨形的绿色单细胞植物体。将视野调暗观察，两条等长鞭毛位于细胞前端，在经碘液染色后，鞭毛因吸碘加粗可较清楚观察到；眼点呈红色，位于鞭毛基部附近。

图 6-3 水绵丝状体

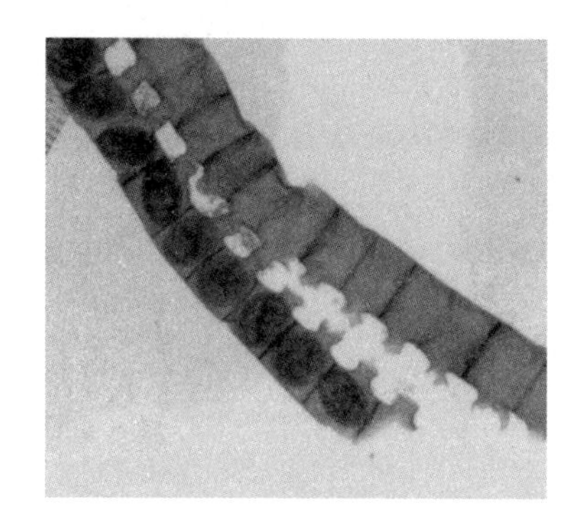

图 6-4 水绵接合生殖

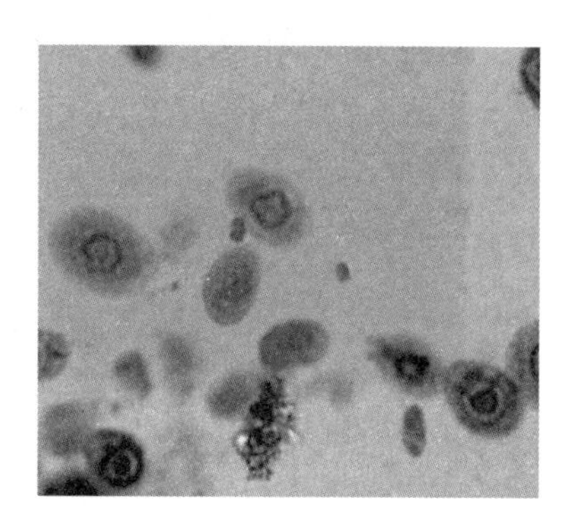

图 6-5 衣藻

3. 硅藻门

硅藻(图 6-6)在水中分布广泛，是鱼类和其他水生动物的食物。藻体通常为单细胞。硅藻区别于其他藻类的最典型特征是硅质构成的细胞壁，细胞壁由 2 个半壳套合而成，高倍镜下可见壳面上的花纹。取含有硅藻的池塘水进行观察，区分常见的淡水硅藻种类。在显微镜下观察时，可用铅笔头轻敲盖玻片翻转细胞，观察壳面观、带面观形态，壳缝、硅质纹、载色体等。

观察硅藻装片，常见的硅藻有直链藻属(*Melosira*)、舟形藻属(*Navicula*)、羽纹藻属(*Pinnularia*)等。

4. 红藻门——紫菜(*Porphyra tenera*)

取紫菜浸泡标本，观察藻体(配子体)形状和颜色。植物体为薄的扁平不规则叶状体，基部具有一个固着器。由于具果胶、海萝胶等果胶化合物，触摸植物体时有黏滑感。新鲜植物体呈紫红色，晒干的紫菜为黑绿色。(为什么?)取紫菜横切永久制片(图 6-7)，观察营养细胞、果

图 6-6 各种硅藻

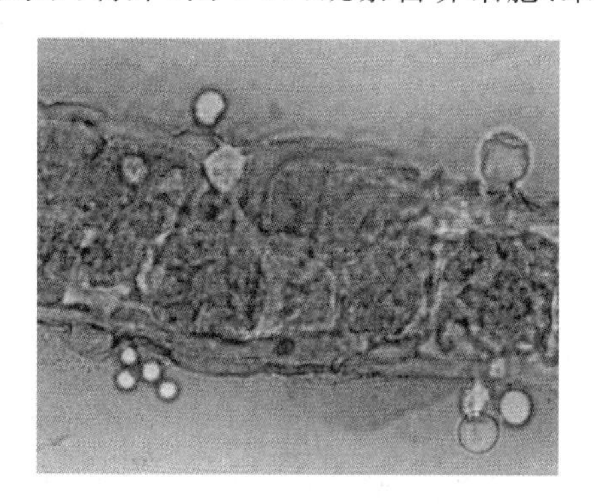

图 6-7 紫菜横切面结构

胞、果孢子和精子囊切面,从形状、大小、数目以及排列方式四个方面进行比较。

5. 褐藻门——海带(*Laminaria japonica*)

取浸泡过的海带观察植物体(孢子体)的带片、柄及固着器三部分。固着器为基部分支的假根,假根的上方为一个短的圆柱状的柄,柄的上方为扁平的带片(主要食用的部分)。取带片做徒手切片,辨识表皮、皮层和髓三部分。注意髓部类似筛管的输导结构喇叭丝。取海带孢子囊或孢子囊制片在显微镜下观察。海带带片两面略微高出表皮的突起的区域即为孢子囊区,过孢子囊区做带片横切,观察孢子囊及孢子囊之间混生的隔丝(图 6-8、图 6-9)。

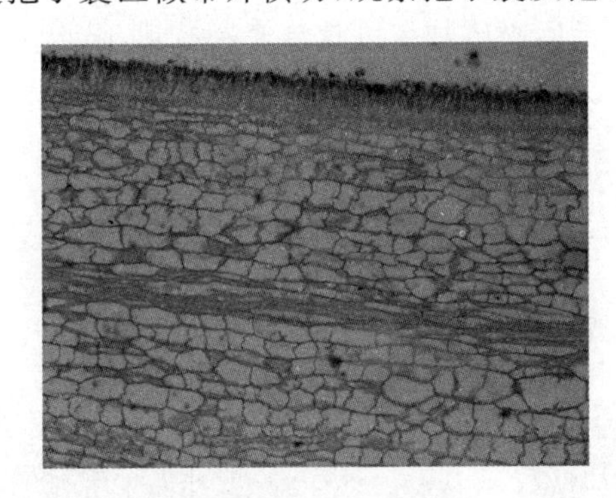

图 6-8 海带横切面结构

图 6-9 海带孢子囊及隔丝

(二) 菌类

(1) 酵母菌属(*Saccharomyces*):本属为子囊菌亚门单细胞代表。夹取新鲜甜酒酿中的酒米在载玻片中央的水滴中轻轻涮几下,然后去掉酒米,盖上盖玻片,制成临时装片,置于显微镜下,观察细胞形态、大小及出芽繁殖的方式。思考何为拟菌丝及其形成原因。

(2) 青霉属(*Penicillium*):子囊菌亚门,为有隔菌丝构成的菌丝体。用镊子挑取贴近橘皮的白色或淡绿色的菌丝体部分,制作临时装片,于显微镜下观察。先于低倍镜下观察青霉扫帚状形态。再转换至高倍镜下,注意观察菌丝有无横隔,然后进一步观察分支情况,区分分生孢子梗、分生孢子小梗及其上长出的一连串的青绿色的分生孢子。

(3) 根霉属(*Rhizopus*):接合菌亚门,为无隔菌丝构成的菌丝体。从发霉的馒头上挑取少量白色的菌丝体制作临时装片。在低倍镜下观察菌丝有无分支和横隔(图 6-10)。注意区分基部分支的假根,横走的匍匐菌丝、直立的孢子囊梗及其顶端膨大的球形孢子囊。成熟孢子囊内有许多黑色孢囊孢子。

(4) 担子菌类:担子菌是真菌中的高等类型,常见的食用菌有香菇(*Lentinus edodes*)、蘑菇(*Agaricus campestris*)、平菇(*Pleurotus ostreatus*)及木耳(*Auricularia auricula*)等。取蘑菇或平菇的菌褶做纵切,制成临时装片,观察子实层的结构,区分无隔担子、担孢子及隔丝(图 6-11)。取平菇的菌盖,用镊子挑取火柴头大小的菌肉,尽量捣碎分散,制作临时装片,观察锁状联合。

观察常见大型真菌腊叶标本或浸泡标本,如虫草属(*Cordyceps*)、羊肚菌属(*Morchella*)、灵芝属(*Ganoderma*)、鬼笔目(Phallales)、马勃目(Lycoperdales)等。

(三) 地衣

地衣是真菌和藻类的共生体。形态通常有以下 3 种。

(1) 壳状地衣(彩图 1):菌丝牢固贴在树皮或岩石上,很难从基质上剥离。

(2) 叶状地衣(彩图 2):植物体呈叶状,有背、腹之分,以假根附着于基质上,易采下。

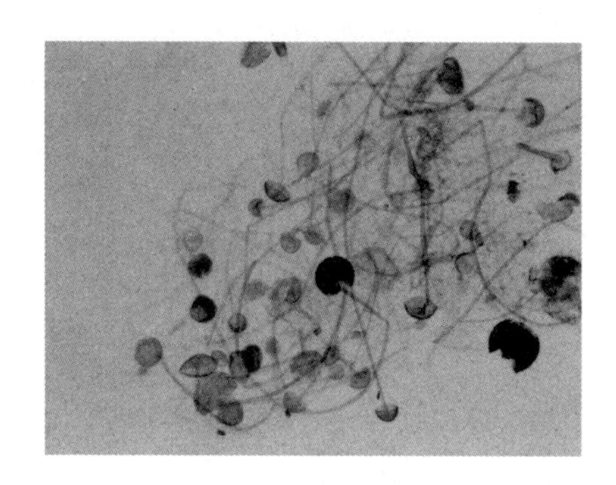

图 6-10 根霉属

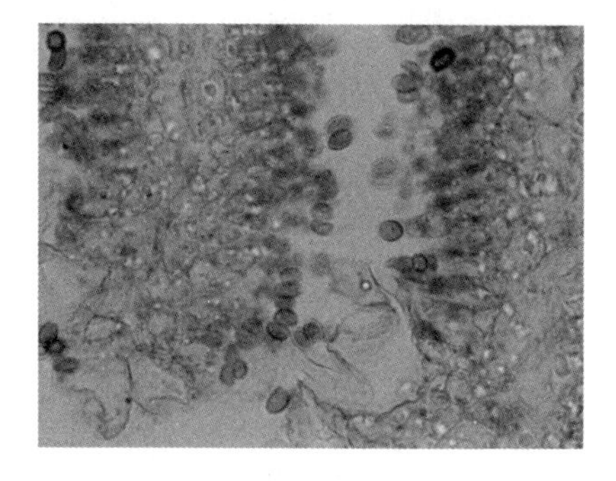

图 6-11 平菇无隔担子及担孢子

(3) 枝状地衣(彩图 3):植物体呈树枝状,直立或下垂,仅基部附着于基质上。

观察壳状、叶状和枝状地衣标本,比较它们的形态。

取同层地衣和异层地衣永久制片,观察地衣解剖结构,比较二者的异同。

六、实验报告

(1) 绘制水绵丝状体的一个细胞,示各部分结构。

(2) 绘制根霉一部分菌丝体,示各部分结构。

(3) 通过观察,总结藻类植物的主要特点。

(4) 以实验中的植物为代表,说出子囊菌亚门、接合菌亚门和担子菌亚门的主要区别。

(5) 试述地衣体中藻、菌的关系。

 实验 15 苔藓植物

一、目的与要求

(1) 掌握苔藓植物的形态、结构特征及生活史。

(2) 掌握苔纲和藓纲的主要区别,并能识别常见苔藓植物。

(3) 正确理解苔藓植物在植物界的系统地位,建立系统发育的概念。

二、实验原理

苔藓植物(Bryophyta)是高等植物中最低等的类群,为小型的绿色的多细胞植物体,多生于阴湿处。通常有两种类型:一是具背、腹之分的扁平的叶状体;二是具拟茎、叶的分化的茎叶体。二者均仅具单细胞或单列细胞构成的假根,无真正的根。常见的植物体为配子体,其生活史类型是以配子体世代占优势的异形世代交替,孢子体寄生在配子体上。

本实验主要是对常见苔类和藓类的配子体及孢子体的形态结构进行观察,以掌握苔藓植物的特征,从而能在野外轻松识别苔藓植物,区分苔类和藓类,同时边观察边梳理苔藓植物的生活史全过程,正确理解"苔藓植物是植物界登陆后的一个进化旁支"这一观点。

三、试剂与器具

(1) 试剂:蒸馏水。

(2) 器具:显微镜、解剖镜、解剖针、镊子、刀片、载玻片、盖玻片、滴管、擦镜纸、吸水纸、培养皿等。

四、实验材料

(1) 新鲜材料:地钱、葫芦藓等一些常见苔藓植物的新鲜标本或液浸标本。

(2) 永久制片:地钱雄生殖托和雌生殖托纵切制片、地钱精子器和颈卵器纵切制片、地钱幼孢子体纵切制片、葫芦藓孢蒴纵切制片等。

五、内容和方法

(一) 地钱特征及生活史观察

地钱(*Marchantia polymorpha*)是苔纲的代表植物,实验前要进行活体材料的培养,方法是将地钱的胞芽置于潮湿的花盆内,盖上玻璃板保持湿度即可,地钱可长期生长。地钱活体培养方法详见上篇 4.2 节相关内容。

1. 地钱植物体外部形态观察

取地钱植物体(配子体)活体材料(彩图 4)观察,配子体为有背、腹之分的扁平的绿色的叶状体,呈二叉状分支。其腹向(近地面)具假根和紫红色鳞片。(如何区别地钱下表皮上的假根和鳞片?)背面绿色,表皮上有斜方形网纹,网纹中央有 1 个白点(气孔),具中肋,用放大镜观察中肋上的胞芽杯(彩图 5),内着生有许多具短柄的绿色片状结构,即胞芽。

挑取胞芽,制作临时装片,观察胞芽的形态结构。胞芽繁殖是地钱最主要的营养繁殖方式。胞芽成熟后从短柄处脱落,进入土壤中萌发为新的植物体。(胞芽形成的新一代植物体是

几倍体？其性别是什么？）

2. 地钱配子体内部构造观察

取地钱叶状体做徒手切片或直接观察地钱配子体横切制片，观察上下表皮、气孔及气室、同化组织、薄壁组织、多细胞紫色鳞片及单细胞假根等结构。可以看到最上层是表皮，表皮下有一层气室，气室的底部有许多排列疏松的细胞，内含叶绿体，是地钱的同化组织。室与室之间有不含或微含叶绿体的细胞，成为两室的界限。每室的顶部中央有一个通气孔，孔的周围由数个细胞构成，通气孔无闭合能力。肉眼从叶状体背面看到的菱形网纹，即为气室的分界，气室以下是由多层细胞组成的薄壁组织，内含淀粉或油滴。

3. 地钱雌生殖托和颈卵器

地钱配子体雌雄异株。分别观察雌、雄株上的生殖托，先从外部形态上区分雌生殖托（彩图 6）。（如何区分地钱雌、雄生殖托？）将雌生殖托（图 6-12）剪去托柄后置于解剖镜下，可以看到托盘顶有 9～11 条指状裂片，指状裂片下方倒挂着烧瓶状的颈卵器（图 6-13），颈卵器可分为颈部和腹部，在高倍镜下可观察到颈卵器壁细胞和里面的颈沟细胞、腹沟细胞与卵细胞。

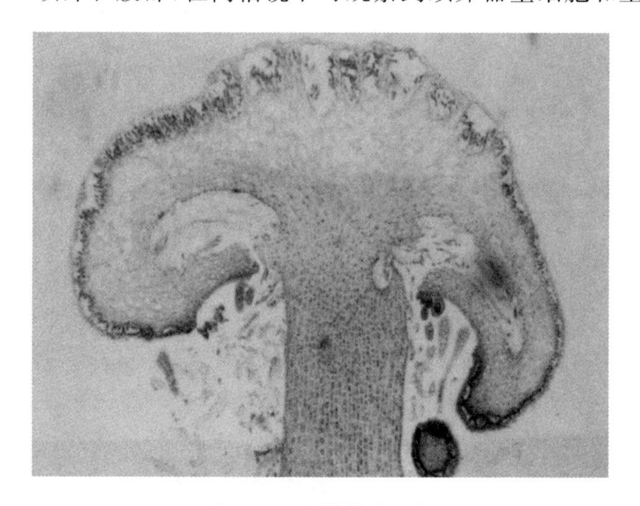

图 6-12 地钱雌生殖托

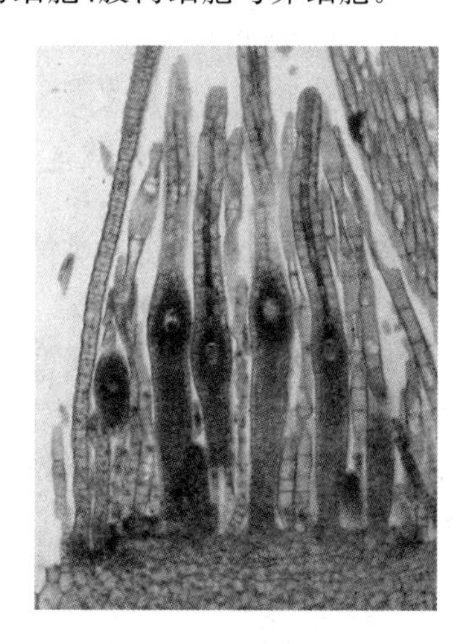

图 6-13 地钱颈卵器

4. 地钱雄生殖托和精子器

用解剖镜观察雄生殖托（彩图 7），顶面观可见许多小孔，即精子器腔的开口。观察精子器的形态结构（图 6-14），精子器有一个短柄，呈卵形至椭圆形，形似网球拍，成熟精子器内有多数细长的具有双鞭毛的精子。

5. 地钱孢子体形态

取带孢子体的雌生殖托于解剖镜下观察，可见孢子体呈黄色，生长在配子体上（图 6-15）。取孢子体切片观察，可见孢子体由基足、蒴柄和孢蒴三部分组成。孢蒴内有细胞，有的经减数分裂后形成同型孢子，有的不经减数分裂伸长，细胞壁螺旋状加厚形成弹丝。孢蒴成熟后，顶端纵裂，借弹丝的弹动散发孢子。（你见到弹丝了吗？地钱的孢子是几倍体？结合上述观察，思考地钱的生活史。）

（二）葫芦藓的特征及生活史观察

葫芦藓（*Funaria hygrometrica*）是藓纲常见的植物。植物体高约 2 cm，直立，丛生，有茎、叶的分化，实验之时先进行葫芦藓活体材料培养。

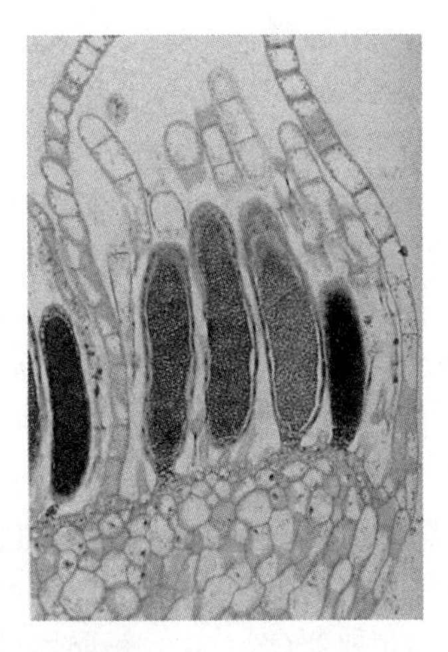

图 6-14　地钱精子器

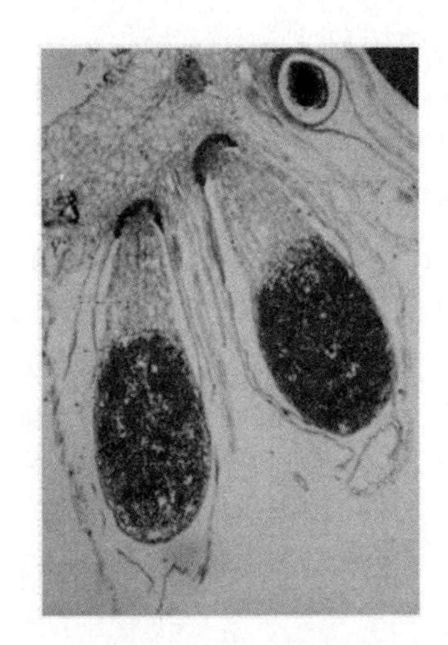

图 6-15　地钱孢子体

1. 葫芦藓植物体(配子体)观察

葫芦藓配子体为直立的茎叶体(彩图 8),具假根及原始茎、叶分化。将其置于解剖镜下,依次辨识假根、拟茎和拟叶。茎短小,基部生有假根,叶丛生于茎的上部。叶螺旋排列在茎上,具中肋。取叶制作临时装片,置于显微镜下观察,除中肋外,叶仅由单层细胞组成。结合观察,思考为何苔藓植物可以作为环境监测指示物。

2. 葫芦藓雌、雄枝观察

葫芦藓雌雄同株但不同枝(图 6-16)。(如何识别葫芦藓雌枝和雄枝?)生殖季节,可肉眼辨别雌雄,雄枝顶端苞叶聚集成一朵“小花”,雌枝顶端苞叶包裹如芽。取葫芦藓雌、雄枝纵切制片,辨识苞叶、隔丝,观察颈卵器(图 6-17)和精子器(图 6-18)的数目、形态结构。(隔丝和苞叶有何作用?)

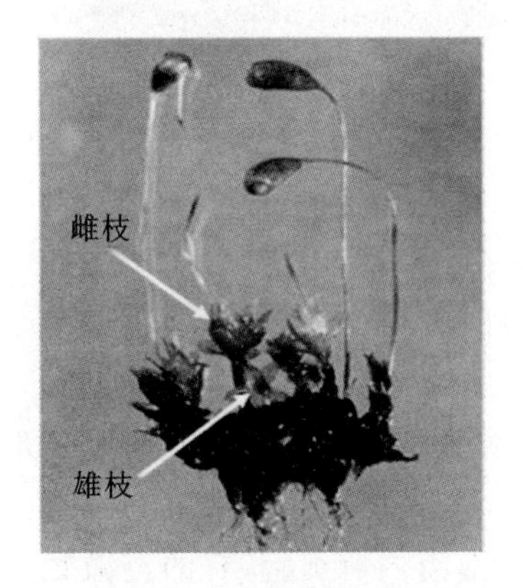

图 6-16　葫芦藓雌、雄枝

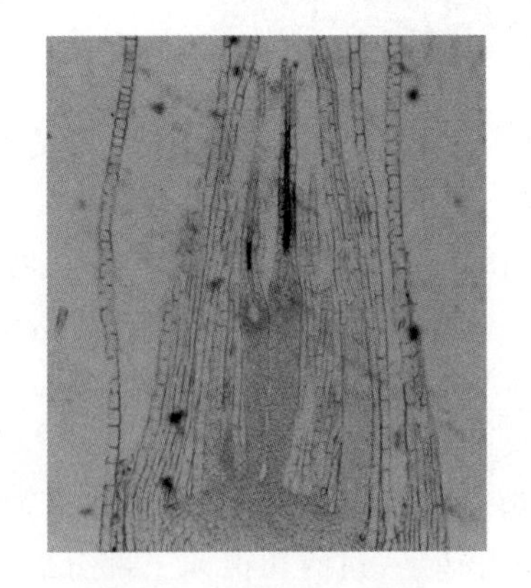

图 6-17　葫芦藓颈卵器

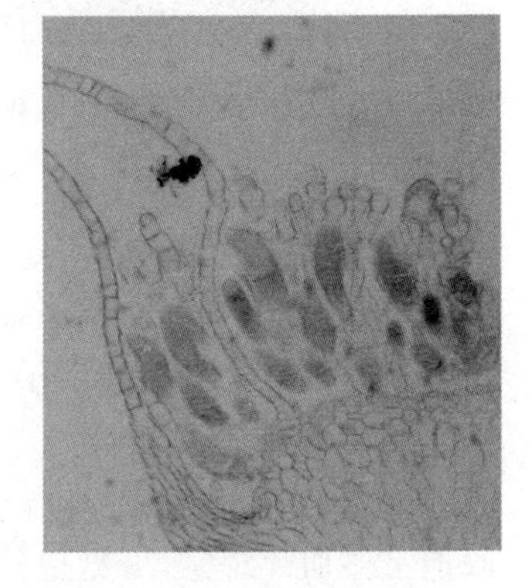

图 6-18　葫芦藓精子器

3. 葫芦藓孢子体观察

葫芦藓的孢子体分为基足、蒴柄和孢蒴三部分。基足插于配子体顶端的组织内,蒴柄细长坚挺,连接基足与孢蒴,孢蒴膨大呈葫芦形,其上还具蒴帽。取寄生在配子体枝端的孢子体,肉眼可观察到蒴柄、孢蒴与蒴帽这几部分结构。(蒴帽的来源是什么?)

取葫芦藓孢蒴,置于解剖镜下,用解剖针拨开蒴盖,观察环带与蒴齿,注意蒴齿的形态构造及数量。(蒴齿有什么作用?)然后将去除蒴盖的孢蒴进行纵切,进一步区分蒴壶、蒴台并重点观察蒴壶结构。最后取孢蒴纵切制片,与自己解剖的材料进行对照观察。通过观察,思考地钱与葫芦藓孢子体的异同点。

（三）常见苔藓植物标本观察

观察多种苔藓植物标本,进一步掌握苔类和藓类植物的特征,从而识别常见苔藓植物。

六、实验报告

(1) 简述地钱或葫芦藓的生活史。

(2) 通过典型苔藓植物观察,列表比较苔纲和藓纲的异同。

(3) 为什么说苔藓植物是植物界从水生向陆生的过渡类型?

 实验 16　蕨类植物

一、目的与要求

(1) 掌握蕨类植物的主要特征。

(2) 掌握蕨类植物的有性生殖过程。

(3) 掌握观察和鉴定蕨类植物的基本方法。

(4) 识别蕨类植物的主要类群及重要种类。

二、实验原理

蕨类是一群进化水平最高的孢子植物,孢子植物包括藻类、菌类、地衣、苔藓和蕨类共五类。蕨类植物既是高等植物,也是维管植物,绝大多数具有根、茎、叶的分化。蕨类生活史中孢子体世代占优势,其配子体多为背腹性的小型绿色叶状体,能独立生活,有性生殖器官为精子器和颈卵器。

三、试剂与器具

(1) 试剂:Knop's 培养基、蒸馏水、硝酸-铬酸离析液、70%乙醇。

(2) 器具:解剖镜、显微镜、放大镜、载玻片、盖玻片、镊子、解剖针、吸水纸、纱布、培养皿。

四、实验材料

翠云草、问荆、蕨、海金沙、井栏边草、铁线蕨、鳞毛蕨、贯众、槐叶萍或满江红的新鲜材料或干燥标本。

五、内容和方法

(一) 石松类代表植物的观察

翠云草(*Selaginella uncinata*)是石松亚纲卷柏科的常见植物(彩图 9)。取翠云草活体材料或浸润标本,置于解剖镜下观察,可见其孢子体具有根、茎、叶的分化,孢子体为草本,茎纤细,下部匍匐地面,具背腹性,上部攀援状,二叉分枝。叶异型,营养叶成 4 纵列,排列于一个平面上,生在枝的左右两侧的叶较大,称为侧叶;生于茎的近轴面的 2 行叶较小,称为中叶;叶舌通常在叶成熟时脱落。孢子叶穗生于枝端,4 纵列。大、小孢子叶生于同一孢子叶穗上。取翠云草的孢子叶穗,在解剖镜下观察,注意孢子叶与营养叶的排列方式有何不同。(能否在解剖镜下区分大孢子和小孢子?)在显微镜下观察大孢子囊和小孢子囊的形态结构,比较大孢子囊内大孢子与小孢子囊内小孢子数量、体积、颜色的差别等。

(二) 蕨类代表植物的观察

问荆(*Equisetum arvense*,彩图 10)是木贼亚纲木贼科的常见植物。问荆孢子体为多年生草本,有营养枝和生殖枝的区别。营养枝在夏季生出,取营养枝观察,可见营养枝上轮生许多分枝,绿色,能进行光合作用。叶为小型叶,在节上轮生,叶基部联合成鞘状。营养枝不能产生孢子囊。生殖枝春季长出,取生殖枝观察,可见生殖枝短而粗,棕褐色,不分枝,枝端能产生孢子叶球,由许多特化的孢子叶聚生而成,孢子叶形状与营养叶不同,为盾形,顶面为六角形的盘

状体，下部有柄，密生在孢子叶球轴上，孢子囊5～10枚，悬挂于孢子囊柄内侧周围，内有孢子母细胞，减数分裂产生孢子。孢子同型，最外面的一层壁为孢子外壁，分裂形成4条螺旋状弹丝，包围着孢子，弹丝具有干湿运动，有助于孢子囊的开裂和孢子的散出。

蕨（*Pteridium aquilinum*，彩图11）为真蕨类代表植物，是水龙骨亚纲凤尾蕨科的常见植物，其幼茎即通常所吃的野菜蕨菜。观察蕨孢子体的标本，可见孢子体分为根、茎、叶三部分，茎为根状茎，有分枝，横卧地下，生不定根。叶从根状茎上长出，有长而粗的叶柄。叶片大，成熟后平展，呈三角形，2～4回羽状复叶。蕨的孢子囊群生于叶的背面，沿叶缘生长，内有许多孢子囊。观察孢子囊时，从边缘孢子囊群处刮取一点材料，制成临时装片，置于显微镜下观察，可见孢子囊具有长柄，孢子囊壁上有细胞壁加厚的环带、唇细胞，孢子囊有辐射对称的孢子。孢子成熟时，由于环带的反卷作用，孢子囊从唇细胞处横向裂开，并将孢子弹出。

（三）蕨类配子体发育的观察

选取一两种本地常见的蕨类植物，收集其成熟的孢子。例如蕨或铁线蕨（*Adiantum capillus-veneris*，彩图12）等，实验前要预先培养蕨孢子，使之发育至配子体各阶段，作为实验材料。蕨孢子在人工培养基上或在适宜的环境下均可萌发，首先萌发成丝状体，丝状体顶端细胞横向分裂形成片状体，最终发育为原叶体。当接种密度较大时，原叶体较小，为雄配子体，其上只能产生精子器；当接种密度较小时，原叶体较大，在原叶体凹刻的下方能产生多个颈卵器，在原叶体的基部或边缘也能产生精子器，成为两性配子体。南方常见的蕨类植物还有井栏边草（*Pteris multifida*，彩图13）、蜈蚣草（*Eremochloa ciliaris*，彩图14）、灰背铁线蕨（*Adiantum myriosorum*，彩图15）、肾盖铁线蕨（*Adiantum erythrochlamys*，彩图16）、海金沙（*Lygodium japonicum*，彩图17）等。

原叶体是配子体的成体，蕨的原叶体有1～2 mm长，由一层细胞构成，呈绿色，略呈心形，原叶体后端生有假根，假根附近及原叶体的边缘有精子器，在原叶体腹面凹刻处有颈卵器。颈卵器内含有卵细胞。精子器球形，突出于配子体的表面，外层细胞是精子器的壁，成熟后，释放出具有鞭毛的游动精子。在带有透射光的解剖镜下观察，可清晰地看到多鞭毛的精子在水中游动的情况。当颈卵器成熟时，精子借水进入颈卵器与卵结合，受精卵发育成幼胚，进一步生长则会长成孢子体。

（四）蕨类植物木质部管状单元的比较研究

蕨类植物木质部的管状单元除管胞外还有导管单元，据资料记载，木贼属（*Equisetum*）、卷柏属（*Selaginella*）、蕨属（*Pteridium*）和蘋属（*Marsilea*）等均有导管存在。选择几种蕨类植物的叶柄、茎或根状茎，按照以下方法处理：干燥的叶柄、茎或根状茎材料经浸泡后剥去维管束以外的组织，或直接利用新鲜材料将维管束抽出。将维管束切成0.5～1.0 cm长的小段，浸泡于硝酸-铬酸离析液中，30 ℃离析48～56 h，离析后的材料经清洗后移到70%乙醇中保存备用。用镊子或吸管取少许离析材料，制成临时装片，在显微镜下观察，记录并拍照。根据所观察的几种蕨类植物管状单元的特点，探讨管状单元的形态特征对于揭示不同蕨类植物的系统位置的作用。

六、实验报告

（1）什么是同型孢子蕨类？什么是异型孢子蕨类？卷柏属于哪一类？

（2）为何说蕨类植物比苔藓植物更进化？

（3）用图例（简图、文字和箭头）画出蕨类植物木质部的管状单元纵切图。

 实验 17 植物检索表的编制及应用

一、目的与要求

(1) 认识不同类型的植物检索表。

(2) 选取常见的 5 种植物,了解区别它们的主要特征,学会编制它们的检索表。

二、内容和方法

(一) 植物检索表的编制

植物检索表能为植物快速鉴定提供帮助,是构成植物志、其他形式分类学文献的重要部分。鉴定前需对植物展开仔细研究,描述且列出植物详尽特征清单。根据特征排列的顺序和用途,植物检索表可分为两类:单路径或连续检索表;多路径或多入口检索表。

1. 单路径或连续检索表

单路径检索表是建立在植物的鉴定特征(重要的和显著的特征)基础上,故也叫特征集要检索表。目前被广泛使用的检索表是建立在特征的成对而相反选择的基础上,这样的检索表称为二歧检索表,它由著名的法国生物学家 J. B. Lamarck 倡导,他于 1778 年在《法国植物志》一书中首次介绍,此后,二歧检索表广受植物分类爱好者的青睐。常见的 3 种二歧检索表如下:①定距式或缩进检索表;②相等或平行检索表;③连续平行式或数字检索表。

建立一个二歧检索表,分类群的性状特征要准确定义,要尽可能地使用测量尺寸(勿用长或短等模糊术语)、稳定性状。二歧检索表每项特征下都有相对的 2 个选择项(如:叶对生或轮生),每个选择项会引导下面的选择项且 2 个相对选择项组成一对。对句的结构为:名词+形容词,对句应是从同一名词开始且平行的。如果第一个对句的开头部分是主根性状,那么第二个对句的开头部分同样应该给出主根性状的描述。

在主要对句的选择中,宜将分类单元分成几乎对等的两类,这样效果最明显;对句开头部分使用 2~3 个性状通常比较科学,相反,对句开头部分过长则易出现错误。

下面以植物界的几类植物为例来说明编制检索表的过程,一些有代表性的鉴定特征列举如下。

(1) 藻类植物:植物体无根、茎、叶的分化,生殖器官为单细胞,无胚胎;植物体不为藻类和菌类所组成的共生体;植物体有叶绿素或其他光合色素,为自养生活方式。

(2) 菌类植物:植物体无根、茎、叶的分化,生殖器官为单细胞,无胚胎;植物体不为藻类和菌类所组成的共生体;植物体不含有叶绿素或其他光合色素,为异养生活方式。

(3) 地衣植物:植物体无根、茎、叶的分化,生殖器官为单细胞,无胚胎;植物体为藻类和菌类组成的共生体。

(4) 苔藓植物:植物体有根、茎和叶的分化,生殖器官为多细胞,有胚胎;植物体分为茎叶体或仅有背、腹之分的叶状体,不具真正的根和维管组织分化。

(5) 蕨类植物:植物体有根、茎和叶的分化,生殖器官为多细胞,有胚胎;植物有茎、叶之分,有真正的根和维管组织分化;不产生种子,以孢子繁殖。

(6) 种子植物:植物体有根、茎和叶的分化,生殖器官为多细胞,有胚胎;植物有茎、叶之

分，有真正的根和维管组织分化；产生种子。

(7) 裸子植物：种子或胚珠裸露。

(8) 被子植物：种子包被于果实内。

根据上面的特征，可列出以下成对的特征并且引导鉴别。

➤植物体无根、茎、叶的分化，生殖器官为单细胞，无胚胎
　植物体有根、茎和叶的分化，生殖器官为多细胞，有胚胎

➤植物体不为藻类和菌类所组成的共生体
　植物体为藻类和菌类组成的共生体

➤植物体有叶绿素或其他光合色素，为自养生活方式
　植物体不含有叶绿素或其他光合色素，为异养生活方式

➤植物体为茎叶体或仅有背、腹之分的叶状体，不具真正的根和维管组织分化
　植物有茎、叶之分，有真正的根和维管组织分化

➤不产生种子，以孢子繁殖
　产生种子，以种子繁殖

➤种子或胚珠裸露
　种子包被于果实之中

1) 定距式检索表

在这类检索表中，检索项和需鉴定的类群以可见的归类或定距的方式排列，相对立的特征编为同样的号码，并在左边同样的地方开始，每下一级成对的性状都在页边上比上一级缩进固定的距离。随着下一级性状的增加，检索表将变得越来越狭，减少了可利用的空间。它非常适合编排较小的检索表，同时在植物志中使用较广泛。

我们将生殖器官、胚胎作为第一个成对的性状，并将列出的植物分为几乎相等的两部分。无论是胚胎有无，未包括的分类群将几乎相等。例如：

1. 植物体无根、茎、叶的分化，生殖器官为单细胞，无胚胎 ………………………… 低等植物
　2. 植物体不为藻类和菌类所组成的共生体
　　3. 植物体有叶绿素或其他光合色素，为自养生活方式 …………………… 藻类植物
　　3. 植物体不含叶绿素或其他光合色素，为异养生活方式 ………………… 菌类植物
　2. 植物体为藻类和菌类组成的共生体 ……………………………………………… 地衣植物
1. 植物体有根、茎和叶的分化，生殖器官为多细胞，有胚胎 …………………… 高等植物
　4. 植物体分为茎叶体或仅有背、腹之分的叶状体，不具真正的根和维管组织分化
　　…………………………………………………………………………………………… 苔藓植物
　4. 植物有茎、叶之分，有真正的根和维管组织分化
　　5. 不产生种子，以孢子繁殖 ………………………………………………………… 蕨类植物
　　5. 产生种子，以种子繁殖 …………………………………………………………… 种子植物
　　　6. 种子或胚珠裸露 ……………………………………………………………… 裸子植物
　　　6. 种子包被于果实之中 ………………………………………………………… 被子植物

2) 平行检索表

将不同植物的每对显著相对性状用平行方式排列，在相同的两行中写相同的代码。每行后注明下一级代码或植物类型名称。该检索表的缺点是该表的表达不再为可见归类，却适合编排较长的检索表，且没有浪费页面空间。例如：

1. 植物体无根、茎、叶的分化,生殖器官为单细胞,无胚胎(低等植物) …………………… 2
1. 植物体有根、茎和叶的分化,生殖器官为多细胞,有胚胎(高等植物)………………… 4
2. 植物体为藻类和菌类组成的共生体 ……………………………………………… 地衣植物
2. 植物体不为藻类和菌类所组成的共生体 ………………………………………………… 3
3. 植物体有叶绿素或其他光合色素,为自养生活方式 ………………………… 藻类植物
3. 植物体不含叶绿素或其他光合色素,为异养生活方式 ……………………… 菌类植物
4. 植物体分为茎叶体或仅有背、腹之分的叶状体,不具真正的根和维管组织分化 ……………………………………………………………………………………… 苔藓植物
4. 植物有茎、叶之分,有真正的根和维管组织分化 …………………………………… 5
5. 不产生种子,以孢子繁殖 …………………………………………………………… 蕨类植物
5. 产生种子,以种子繁殖………………………………………………………………………… 6
6. 种子或胚珠裸露…………………………………………………………………… 裸子植物
6. 种子包被于果实之中…………………………………………………………… 被子植物

3)连续平行式检索表

该表保留了定距式检索表的排列方式,但是页边不缩进;查找互换的引导通过成对性状的连续编码实现,同时在括号内指明互换引导的连续编码。如检索表中的1(6)和6(1)是一对区别特征,在检阅时,符合第1项就追查第2项,若不符合就追查第6项,直到符合植物名称。例如:

1(6)植物体无根、茎、叶的分化,生殖器官为单细胞,无胚胎 …………………… 低等植物
2(5)植物体不为藻类和菌类所组成的共生体
3(4)植物体内含叶绿体或其他光合色素,为自养生活方式…………………… 藻类植物
4(3)植物体内不含叶绿体或其他光合色素,为异养生活方式………………… 菌类植物
5(2)植物体为藻类和菌类所组成的共生体 …………………………………… 地衣植物
6(1)植物体有茎、叶、根的分化,生殖器官为多细胞,有胚胎 ………………… 高等植物
7(8)植物体为茎叶体或仅有背、腹之分的叶状体,不具真正的根和维管组织分化 ……………………………………………………………………………………… 苔藓植物
8(7)植物体有茎、叶之分,有真正的根和维管组织分化
9(10)不产生种子,以孢子繁殖 …………………………………………………… 蕨类植物
10(9)产生种子,以种子繁殖 ……………………………………………………… 种子植物
11(12)种子或胚珠裸露 …………………………………………………………… 裸子植物
12(11)种子包被于果实之中 ……………………………………………………… 被子植物

2. 多路径或多入口检索表

该表每对检索项包括几个相对性状供比较,以使用者为中心,提供了特征顺序的多种选择,由使用者决定使用特征顺序,即使部分特征不健全,仍可继续鉴定。但该表应用不广泛,在此不做深入介绍。

(二)植物检索表的使用

使用二歧检索表通常需先看对句的开头部分,切勿猜测或查找你自己也不太理解的术语;一定要防止先入为主、主观臆测和倒查倾向。

观察植物性状时,应以典型材料为依据,必要时使用放大镜、显微镜和解剖镜;不能以变异材料为依据,特别是活体标本,在观察时,应采集几份标本,不要因部分性状不稳而导致鉴定错

误。检查到最后名称，还必须借助图鉴和植物志等，对照图文相符与否，进一步确定检索是否无误。

鉴定植物的关键是应用科学的形态术语描述植物的特征。特别是对花的各部分构造，要进行认真的解剖观察，找到植物代表性特征。

虽然二歧检索表能给未知物种的鉴定提供快速鉴定，但它也有一定的缺点。该表仅能按单一的固定次序展开检索，未知物种若没有检索表的部分特征就不能检索，同时，该表顺序常因人而异，给检索者带来不便。

三、实验报告

（1）根据新鲜植物或者腊叶标本编制5种植物的二歧检索表，如编制紫荆、香樟、接骨草、构树、蒲公英等植物的二歧检索表。

（2）试述定距式或缩进检索表、相等或平行检索表、连续平行式或数字检索表的不同之处。

（3）编制检索表时应该注意哪些事项？

（4）如何较好地利用检索表？

 实验18 裸子植物的观察

一、目的与要求

(1) 了解银杏、马尾松、杉木、侧柏等植物的营养器官和繁殖器官的形态、构造。

(2) 掌握银杏科、松科、杉科、柏科的主要特征,对于这些科的未知植物能够鉴定到属。

二、实验原理

裸子植物是原始的种子植物,是地球上最早用种子进行有性繁殖的,在此之前出现的藻类和蕨类则都是以孢子进行有性生殖的。裸子植物具有5个明显的主要特征:①孢子体发达;②胚珠裸露;③具有颈卵器;④传粉时花粉直达胚珠;⑤具有多胚现象。

裸子植物的孢子体发达,占绝对优势。多数种类为常绿乔木,有长枝和短枝之分;维管系统发达,网状中柱,无限外韧维管束,有形成层和次生结构。除买麻藤纲植物以外,木质部中只有管胞而无导管和纤维。韧皮部中有筛胞而无筛管和伴胞。叶针形、条形、披针形、鳞形,极少数呈带状;叶表面有较厚的角质层,气孔呈带状分布。配子体退化,寄生在孢子体上,不能独立生活。成熟的雄配子体(花粉粒)具有4个细胞,包括1个生殖细胞、1个管细胞和2个退化的原叶细胞。多数种类仍有颈卵器结构,但简化成含1个卵的2～4个细胞。裸子植物的胚珠、种子裸露。裸子植物的雌、雄性生殖结构(大、小孢子叶)分别聚生成单性的大、小孢子叶球,同株或异株;大孢子叶平展,腹面着生裸露的倒生胚珠,形成裸露的种子。种子的出现使胚受到保护,并保障供给胚发育和新的孢子体生长初期所需要的营养物质,可使植物度过不利环境时期和适应新的环境。小孢子叶背部丛生小孢子囊,其中的小孢子或花粉粒单沟型、有气囊,可发育成雄配子体,产生花粉管,将精子送到卵,摆脱了水对受精作用的限制,更适应陆地生活。少数种类如苏铁属(*Cycas*)和银杏(*Ginkgo biloba*),仍有多数鞭毛可游动。这说明,裸子植物是介于蕨类植物与被子植物之间的维管植物。

三、试剂与器具

放大镜、镊子、刀片、解剖针、剪枝剪、解剖用具。

四、实验材料

苏铁、银杏、红松、油松、云杉、辽东冷杉、扁柏、侧柏、桧柏、东北红豆杉的新鲜材料或腊叶标本,或其孢子叶球的浸制标本。

五、内容和方法

(一) 腊叶和新鲜标本观察

(1) 苏铁:常绿乔木,茎干不分枝,羽状复叶,聚生茎顶,边缘向下反卷。雌雄异株,雄球花圆柱状,上生许多鳞片状雄蕊(小孢子叶),雄蕊下生许多花粉囊(小孢子囊),精子具有鞭毛;雌蕊(大孢子叶)密被黄褐色绒毛,上部羽状,下部柄状,柄两侧各生1～5个近球形的胚珠(大孢子囊)。种子核果状,成熟时橙红色。注意观察大、小孢子叶和孢子囊。

(2) 银杏:落叶乔木,多分枝,单叶扇形,具柄。球花单性异株,雄球花柔荑花序,精子多纤

毛;雌球花简化、具长柄,生有 2 个杯状心皮,裸生两个胚珠,常发育 1 个。种子核果状。

(3) 松科:常绿乔木,稀落叶。叶针形或条形。雄雌同株,雄球花穗状;雌球花位于当年长枝的近顶端,呈卵球形,由多数螺旋状排列在中轴的珠鳞(果鳞、种鳞)及苞鳞(盖鳞)组成。取一年生的雌球花进行观察,用镊子剥开珠鳞,可见珠鳞肥厚(成熟后木质化)。用放大镜观察,在珠鳞背面(远轴面)可见薄膜状的苞鳞,珠鳞的腹面(近轴面)基部有 2 个呈小突起状的胚珠。观察成熟的大孢子叶球可见果鳞木质化,种子有翅。有树脂道,分泌松脂。注意观察红松、油松、马尾松等松树叶是几针一束,以及鳞盾、鳞脐的形态。

(4) 柏科:常绿乔木或灌木,叶为鳞片状或针形。雌雄同株或异株,雄球花单生于枝顶,椭圆状球形;雌球花球形,有珠鳞与苞鳞,球果木质或革质。注意观察卷柏、侧柏、桧柏的株形、叶形。

(5) 红豆杉科:常绿乔木或灌木,叶披针形或针形,螺旋状排列或交互对生。球花单性异株(稀同株),雄球花常单生或成穗状花序;雌球花单生或成对。种子浆果状或核果状。

(6) 麻黄科:小灌木,叶小鳞片状对生或轮生于节上,节间有细纵槽。球花单性异株。雄球花由数对苞片组成,雄花外包假花被;雌球花由多数苞片组成,仅顶端的 1~3 个苞片内生有雌花。

(二) 花粉粒的观察

(1) 松(*Pinus* sp.)小孢子叶球及花粉:以马尾松为例,取马尾松的枝条进行观察,区别长枝和短枝,新枝顶端生一至数个大孢子叶球,小孢子叶球生于当年新枝的基部。用镊子取一个小孢子叶球,可见小孢子叶螺旋排列于中轴上。小心取下一个小孢子叶,放在解剖镜下观察,可以看见小孢子叶的背面着生 2 个小孢子囊(即花粉囊)。用解剖针打开小孢子囊,取少量花粉制成临时装片,可以看到花粉粒呈椭圆形,两侧有由外壁形成的气囊,气囊上有明显的网纹。

(2) 侧柏(*Platycladus orientalis*)花粉:花粉粒圆球形,光滑,无萌发器官。

(3) 柳杉(*Cryptomeria fortunei*)花粉:花粉粒圆球形,有一个突起的孔。

六、实验报告

(1) 描述苏铁、银杏、油松、红豆杉、柏树 5 种植物的特征及识别要点。

(2) 以松属花粉结构分析裸子植物对风媒传粉的适应。

 实验 19　双子叶植物之离瓣花亚纲

一、目的与要求

(1) 预习《植物学》教材中被子植物分类的有关章节及花程式的内容。

(2) 了解被子植物离瓣花亚纲中若干重要类群的主要特征。

(3) 识别一些常见的被子植物种类。

(4) 学习植物腊叶标本的制作方法。

二、实验原理

被子植物是目前地球上最为繁盛的类群,全球高等植物约 40 万种,我国高等植物有 3 万多种,我国是世界上生物多样性最高的 12 个国家之一。按照恩格勒的被子植物分类系统,双子叶植物纲包括 2 亚纲,即原始花被亚纲(离瓣花亚纲)和后生花被亚纲(合瓣花亚纲),44 目 259 科。离瓣花亚纲包括 33 目 202 科,合瓣花亚纲包括 11 目 57 科。

离瓣花类亦称古生花被类,这类双子叶植物的花被,或不完全,或有花萼和花冠的区别,而花瓣常离生,比合瓣花冠的形态更为原始。离瓣花在凋谢时花瓣一片片凋落,而合瓣花是合生的一整片花瓣同时落下。木兰科、豆科、蔷薇科、锦葵科等都是离瓣花。

本书收录双子叶植物离瓣花亚纲中常见的 12 科:杨柳科、桑科、毛茛科、木兰科、樟科、蓼科、十字花科、蔷薇科、豆科、大戟科、锦葵科、伞形科。

三、试剂与器具

(1) 试剂:白乳胶、氯化汞饱和乙醇溶液。

(2) 器具:放大镜、镊子、手术剪、枝剪、采集筒或塑料袋、标本夹及草纸、A3 白板纸(即台纸)、标签牌、白色针线。

四、实验材料

本书收录的植物,如玉兰、荷花玉兰、鹅掌楸、含笑、香樟、毛茛、天葵、木芙蓉、木槿、钻天杨、垂柳、油菜、中华绣线菊、野蔷薇、桃、樱花、合欢、蚕豆、紫荆、泽漆、野胡萝卜等。

五、内容和方法

(一) 常见双子叶植物离瓣花亚纲植物类群的考察

(1) 杨柳科:木本,单叶互生,有托叶。花单性,常雌雄异株,柔荑花序,常先叶开放;每花具有 1 苞片,无花被,具花盘或蜜腺;雄蕊 2 至多数;雌蕊 2 心皮合生,子房 1 室,侧膜胎座,胚珠多数,无胚乳;蒴果,种子具长柔毛。

本科全球 3 属约 450 种,我国有 3 属约 255 种,全国分布。常见的植物种类:杨属(*Populus*)的钻天杨(*P. nigra* var. *italica*)、毛白杨(*P. tomentosa*)、小叶杨(*P. simonii*)、杂交杨等;柳属(*Salix*)的垂柳(*S. babylonica*,彩图 18)、旱柳(*S. matsudana*)、龙爪柳(*S. matsudana* var. *tortuosa*)。

(2) 桑科:木本,稀草本或藤本;具乳汁;单叶互生,具托叶;雌雄同株或异株,花单性,无

瓣；雄花单被，花萼4～6枚，常形成柔荑花序；雌花单被，花萼4～6枚，由2心皮合生，子房上位，1室。聚花果或瘦果。

桑科约69属1400多种，我国有18属164种，主产于长江以南各省。本科常见植物种类有桑（*Morus alba*，彩图19）、鸡桑（*M. australis*）、无花果（*Ficus carica*）、榕树（*F. microcarpa*）、薜荔（*F. pumila*）、印度橡皮树（*F. elastica*）、构树（*Broussonetia papyrifera*，彩图20）、葎草（*Humulus scandens*）等。

（3）毛茛科：草本；叶常互生，分裂或为复叶，无托叶；花常两性，辐射对称，花萼3至多数，花瓣多5基数；雄蕊和心皮常多数，离生，螺旋状排列于膨大的花托上；聚合瘦果或聚合蓇葖果。

毛茛科全球约50属2000种，我国有39属750种。本科常见的植物种类有毛茛（*Ranunculus japonicus*，彩图21）、扬子毛茛（*R. sieboldii*）、茴茴蒜（*R. chinensis*）、石龙芮（*R. sceleratus*）、芍药（*Paeonia lactiflora*，彩图22）、牡丹（*P. suffruticosa*）、棉团铁线莲（*Clematis hexapetala*）、威灵仙（*C. chinensis*）、天葵（*Semiaquilegia adoxoides*）、乌头（*Aconitum carmichaeli*）、黄连（*Coptis chinensis*）、翠雀（*Delphinium grandiflorum*，彩图23）等。

（4）木兰科：木本；单叶互生，全缘，托叶大且包裹幼芽，后脱落并在茎节部形成环状托叶痕；花两性，稀单性，3基数，辐射对称，花被常同形，排列成数轮；雌、雄蕊多数且离生；聚合蓇葖果，种子有丰富的胚乳。

本科全球约15属250种，主要分布在东南亚和北美；我国有11属130余种，主要分布在华南和西南。常见的植物种类有荷花玉兰（*Magnolia grandiflora*，彩图24）、紫玉兰（*Yulania liliflora*，彩图25）、玉兰（*Y. denudata*）、含笑（*Michelia figo*，彩图26）、八角（*Illicium verum*）、华中五味子（*Schisandra sphenanthera*）、鹅掌楸（*Liriodendron chinense*）等。

（5）樟科：木本；单叶互生，全缘，无托叶；花两性，辐射对称，3基数；花萼6～9裂，无花瓣；雄蕊4轮，其中1轮退化，花药瓣裂；雌蕊子房上位，1室，1胚珠；浆果或核果。

樟科全球45属约2500种，我国20属400余种，大部分分布于长江以南。本科常见的植物种类有樟树（*Cinnamomum camphora*，彩图27）、肉桂（*C. cassia*，彩图28）、山胡椒（*Lindera glauca*）、檫木（*Sassafras tzumu*）等。

（6）蓼科：草本，少藤本或灌木；茎节部常膨大；单叶互生，膜质托叶鞘状；花两性，无花瓣，花被2轮，萼彩色；雌蕊2～3心皮合生，1室，子房上位；小坚果。

蓼科全球40属800余种，我国14属约228种，全国分布。常见的植物种类有何首乌（*Fallopia multiflora*，彩图29）、酸模叶蓼（*Polygonum lapathifolium*）、水蓼（*P. hydropiper*）、萹蓄（*P. aviculare*）、杠板归（*P. perfoliatum*，彩图30）、巴天酸模（*Rumex patientia*）、华北大黄（*R. franzenbachii*）、荞麦（*Fagopyrum esculentum*，彩图31）等。

（7）十字花科：草本，少带木质，有水汁；单叶互生，无托叶；花两性，萼片4，花瓣4，形成十字形花冠；雄蕊6，4长2短（四强雄蕊）；雌蕊2心皮合生，子房上位，侧膜胎座有假隔膜；角果，种子无胚乳。

本科有375属3200种，全球分布。我国有96属约411种，全国分布。常见种类有白菜（*Brassica rapa* var. *glabra*）、油菜（*B. chinese*，彩图32）、芸薹（*B. rapa* var. *oleifera*）、甘蓝（*B. oleracea* var. *capitata*）、萝卜（*Raphanus sativus*）、荠菜（*Capsella bursa-pastoris*，彩图33）、北美独行菜（*Lepidium virginicum*）、诸葛菜（*Orychophragmus violaceus*）、蔊菜

(*Rorippa indica*)等。

(8) 蔷薇科:草本或木本;单叶或复叶,互生,少对生,常有托叶;花两性,辐射对称;萼片5,花瓣5;雄蕊多数,生于杯状花托边缘;心皮1至多数,子房上位或下位。

本科有124属3300多种,我国47属约854种,全国分布。常见植物种类有绣线菊(*Spiraea salicifolia*)、月季(*Rosa chinensis*,彩图34)、玫瑰(*R. rugosa*)、枇杷(*Eriobotrya japonica*)、茅莓(*Rubus parvifolius*)、插田泡(*R. coreanus*)、蛇莓(*Duchesnea indica*,彩图35)、委陵菜(*Potentilla chinensis*)、桃(*Amygdalus persica*)、山楂(*Crataegus pinnatifida*)、石楠(*Photinia serratifolia*)、日本晚樱(*Cerasus serrulata* var. *lannesiana*,彩图36)等。

(9) 豆科:草本或木本;叶互生,多为复叶,有托叶;花两性,多为两侧对称的蝶形花冠,萼5裂,花瓣5;雄蕊10,多二体雄蕊;雌蕊1心皮,子房上位;荚果,种子无胚乳,子叶发达。

豆科是双子叶植物中的第二大科,被子植物中的第三大科,全球约600属15000种,我国121属1200多种,全国分布。本科常见植物种类有紫荆(*Cercis chinensis*,彩图37)、合欢(*Albizia julibrissin*)、刺槐(*Robinia pseudoacacia*)、槐(*Sophora japonica*)、蚕豆(*Vicia faba*,彩图38)、四籽野豌豆(*V. terasperma*)、扁豆(*Lablab purpureus*)、大豆(*Glycine max*)、紫藤(*Wisteria sinensis*)等。

(10) 大戟科:木本或草本,多具乳汁;叶互生,具托叶;花单性,双被、单被或无被;雄蕊1枚至多数;雌蕊常3心皮合生,子房上位,3室,中轴胎座,每室1~2胚珠;多蒴果。

大戟科有300属8000多种,分布广;我国有66属364种,主要分布于西南地区。常见植物种类有地锦草(*Euphorbia humifusa*)、泽漆(*E. helioscopia*)、大戟(*E. pekinensis*)、一品红(*E. pulcherrima*)、铁苋菜(*Acalypha australis*)、蓖麻(*Ricinus communis*)、油桐(*Vernicia fordii*,彩图39)、橡胶树(*Hevea brasiliensis*)等。

(11) 锦葵科:草本或灌木;单叶互生,具托叶;花两性,辐射对称,单生或聚伞花序;萼片5,具副萼;花瓣5,旋转状排列;雄蕊多数,单体雄蕊;雌蕊具数心皮,合生,子房上位;蒴果。

本科有50属约1000种,广布于热带和温带;我国有17属76种。常见植物种类有木芙蓉(*Hibiscus mutabilis*,彩图40)、木槿(*H. syriacus*)、锦葵(*Malva cathayensis*)、蜀葵(*Alcea rosea*)、陆地棉(*Gossypium hirsutum*)、苘麻(*Abutilon theophrasti*)等。

(12) 伞形科:草本;掌状分裂或1~4回羽状复叶,互生,叶柄基部膨大为叶鞘;花两性,辐射对称,复伞形花序或单伞花序;萼5裂,花瓣5;雄蕊5;雌蕊2心皮合生,子房下位;双悬果。

本科有270属2800余种,我国有95属525种,全国分布。常见植物种类有野胡萝卜(*Daucus carota*)、窃衣(*Torilis scabra*)、芫荽(*Coriandrum sativum*,彩图41)、芹菜(*Apium graveolens*)、茴香(*Foeniculum vulgare*)、北柴胡(*Bupleurum chinense*)、水芹(*Oenanthe javanica*)等。

(二) 标本的采集和制作

在考察上述双子叶植物离瓣花亚纲植物类群的同时,采集正在开花或已结实的草本植物全株或者木本植物枝条,装入采集筒或塑料袋中带回实验室,整形,展平,挂上标签,夹在草纸之间并压入标本夹中,做好采集记录。经几次翻晾、换纸、整理直至标本干透(需1~2周),以氯化汞饱和乙醇溶液或者超低温消毒,用白乳胶将标本粘贴在台纸上,并用针线和白色小纸条固定。最后,按照要求贴上采集记录签。

六、实验报告

(1) 完成表6-1(至少列出8种植物):

表 6-1 植物(离瓣花亚纲)腊叶标本的采集和制作

科名	种名	学名	识别特征

(2) 标本制作:2～5 人为一个小组,将每个小组所采集的植物标本制成腊叶标本,压干、消毒后将标本装订在台纸上。

(3) 用花程式表示实验材料中任意 5 种植物花的组成结构。

 实验 20　双子叶植物之合瓣花亚纲

一、目的与要求

(1) 了解被子植物合瓣花亚纲中若干重要类群的主要特征。

(2) 识别一些常见的被子植物种类。

(3) 学习植物腊叶标本的制作方法。

二、实验原理

被子植物是目前地球上最为繁盛的类群,全球高等植物约 40 万种,我国高等植物有 3 万多种,我国是世界上生物多样性最高的 12 个国家之一。按照恩格勒的被子植物分类系统,双子叶植物纲包括 2 亚纲,即原始花被亚纲(离瓣花亚纲)和后生花被亚纲(合瓣花亚纲),44 目 259 科。离瓣花亚纲包括 33 目 202 科,合瓣花亚纲包括 11 目 57 科。

合瓣花类,也称后生花被类,是将被子植物双子叶类区分为两大类别时,以花瓣相互愈接的性状为依据所设置的一群。合瓣花类花冠的各个花瓣或部分或全部互相联合生成一体,木樨科、忍冬科、葫芦科、茄科等都是合瓣花。

本书收录双子叶植物合瓣花亚纲中常见的 8 科:报春花科、杜鹃花科、木樨科、唇形科、茄科、玄参科、忍冬科、菊科。

三、试剂与器具

(1) 试剂:白乳胶、氯化汞饱和乙醇溶液。

(2) 器具:放大镜、镊子、手术剪、枝剪、采集筒或塑料袋、标本夹及草纸、A3 白板纸(即台纸)、标签牌、白色针线。

四、实验材料

本收收录的植物,如:夹竹桃、杜鹃、白英、龙葵、毛泡桐、一串红、茜草、木樨、女贞、金银花、向日葵、蒲公英等。

五、内容和方法

(一) 常见双子叶植物合瓣花亚纲植物类群的考察

(1) 报春花科:草本,少灌木;单叶,无托叶,互生、对生、轮生或全基生;花两性,辐射对称,多伞形花序;萼 5 裂,宿存,花冠 5 裂;雄蕊 5,与花冠裂片对生;雌蕊 5 心皮合生,多子房上位,特立中央胎座,胚珠多;蒴果。

本科有 22 属约 800 种,全球广布;我国有 11 属约 500 种,多分布于西南地区。常见植物种类有泽珍珠菜(*Lysimachia candida*,彩图 42)、狭叶珍珠菜(*L. pentapetala*)、过路黄(*L. christinae*,彩图 43)、点地梅(*Androsace umbellata*)、鄂报春(*Primula obconica*,彩图 44)等。

(2) 杜鹃花科:灌木,少乔木;花两性,辐射对称或稍不整齐;萼宿存,花冠 4～5 裂;雄蕊为花冠裂片的 2 倍,少与裂片同数互生,花药 2 室,常有尾,顶孔开裂;子房上位,中轴胎座;多蒴果,种子有胚乳。

本科有 50 属 1300 余种，分布广，以中国西南部和南非最多；我国有 14 属 718 种。常见植物种类有杜鹃（即映山红，*Rhododendron simsii*，彩图 45）、迎红杜鹃（*R. mucronulatum*）、照山白（*R. micranthum*）等。

（3）木樨科：乔木、灌木或藤本；单叶或复叶，多对生，无托叶；花两性，少单性，圆锥或聚伞花序，雌雄同株或杂性异株；萼及花冠 4 裂或更多裂，有时缺花冠；雄蕊 2，少 3～5；雌蕊 2 心皮，合生，子房上位，2 室，中轴胎座；果实类型多。

本科有 29 属 600 余种，分布于热带和温带；我国有 12 属 176 种，全国分布。常见植物种类有迎春花（*Jasminum nudiflorum*，彩图 46）、木樨（即桂花，*Osmanthus fragrans*）、湖北梣（即对节白蜡，*Fraxinus hupehensis*，彩图 47）、小叶女贞（*Ligustrum quihoui*，彩图 48）、女贞（*L. lucidum*）、紫丁香（*Syringa oblata*）等。

（4）唇形科：草本；茎四棱形；叶对生或轮生，少互生，无托叶；轮伞花序；花多两性，常两侧对称，萼及唇形花冠 5 或 4 裂；二强雄蕊或仅 2 枚；雌蕊 2 心皮合生，子房上位；小坚果，种子无或少量胚乳。

本科有 200 多属 3500 多种，我国有 99 属约 808 种，全国分布。常见植物种类有夏枯草（*Prunella vulgaris*，彩图 49）、宝盖草（*Lamium amplexicaule*，彩图 50）、益母草（*Leonurus japonicus*）、一串红（*Salvia splendens*）、紫苏（*Perilla frutescens*，彩图 51）及其栽培种彩苏（彩图 52）、糙苏（*Phlomis umbrosa*）、风轮菜（*Clinopodium chinense*）、薄荷（*Mentha canadensis*，彩图 53）、丹参（*Salvia miltiorrhiza*）等。

（5）茄科：草本或木本；单叶互生，全缘，无托叶；花两性，常辐射对称；萼及花冠常 5 裂；雄蕊 5，生于花冠筒部，与花冠裂片互生，花药 2 室；雌蕊 2 心皮合生，子房 2 室，中轴胎座；蒴果或浆果。

本科约 75 属 2000 多种，我国有 26 属约 107 种，全国广布。常见植物种类有辣椒（*Capsicum annuum*）、茄（*Solanum melongena*）、白英（*S. lyratum*，彩图 54）、龙葵（*S. nigrum*）、番茄（*Lycopersicon esculentum*）、枸杞（*Lycium chinense*，彩图 55）、碧冬茄（即矮牵牛，*Petunia hybrida*，彩图 56）等。

（6）玄参科：草本或木本；叶互生、对生或轮生，无托叶；花两性，常两侧对称；萼及花冠 4～5 裂，花冠二唇形或不等裂；雄蕊 4，二强，稀 5 或 2；雌蕊 2 心皮，子房上位，2 室，胚珠多数；常蒴果。

本科约 200 属 3000 多种，全球广布；我国约有 60 属 634 种。常见植物种类有白花泡桐（*Paulownia fortunei*）、毛泡桐（*P. tomentosa*）、通泉草（*Mazus pumilus*）、弹刀子菜（*M. stachydifolius*，彩图 57）、地黄（*Rehmannia glutinosa*）、阿拉伯婆婆纳（*Veronica persica*，彩图 58）、金鱼草（*Antirrhinum majus*，彩图 59）等。

（7）忍冬科：灌木，少为乔木和草本；叶对生，无托叶；花两性，辐射对称或两侧对称；花萼、花冠均 4～5 裂，花冠有时为二唇形；雄蕊 4～5，与花冠裂片互生；子房下位，多为 2～5 室；浆果、蒴果、瘦果或核果。

本科有 17 属约 500 种，我国有 12 属 200 多种，全国分布。常见植物种类有金银花（*Lonicera maackii*，彩图 60）、珊瑚树（*Viburnum odoratissimum*）、接骨草（*Sambucus chinensis*，彩图 61）、锦带花（*Weigela florida*）、绣球荚蒾（*V. macrocephalum*）、琼花（*V. macrocephalum* f. *keteleeri*）等。

（8）菊科：常为草本，有时具乳汁；常为单叶，多对生；头状花序，辐射对称至两侧对称；花全两性,筒状或舌状,或中央的花为两性或无性的筒状花;萼退化为冠毛或鳞片状;雄蕊 5,少为 4,花药聚合,即聚药雄蕊;雌蕊 2 心皮合生,子房下位;瘦果,果顶端常有冠毛。

本科为被子植物第一大科,约 1000 属 25000～30000 种,主要分布于北温带;我国有 230 属 2300 多种,全国分布。常见种类有向日葵(*Helianthus annuus*,彩图 62)、菊芋(*H. tuberosus*)、蒲公英(*Taraxacum mongolicum*,彩图 63)、一年蓬(*Erigeron annuus*)、野菊(*Chrysanthemum indicum*,彩图 64)、菊花(*C. morifolium*)、苍耳(*Xanthium sibiricum*)、天名精(*Carpesium abrotanoides*)、茵陈蒿(*Artemisia capillaris*)、刺儿菜(*Cirsium segetum*)、莴苣(*Lactuca sativa*)、鬼针草(*Bidens pilosa*,彩图 65)等。

(二) 标本的采集和制作

在考察上述双子叶植物合瓣花亚纲植物类群的同时,采集正在开花或已结实的草本植物全株或者木本植物枝条,装入采集筒或塑料袋中带回实验室,整形,展平,挂上标签,夹在草纸之间并压入标本夹中,做好采集记录。经几次翻晾、换纸、整理直至标本干透(需 1～2 周),以氯化汞饱和乙醇溶液或者超低温消毒,用白乳胶将标本粘贴在台纸上,并用针线和白色小纸条固定。最后,按照要求贴上采集记录签。

六、实验报告

(1) 完成表 6-2(至少填写 6 种):

表 6-2 植物(合瓣花亚纲)腊叶标本的制作

科名	种名	学名	识别特征

(2) 标本制作:2～5 人为一个小组,将每个小组所采集的植物标本制成腊叶标本,压干、消毒后将标本装订在台纸上。

 实验 21 单子叶植物纲

一、目的与要求

(1) 通过对泽泻科、百合科、莎草科、禾本科、天南星科、鸭跖草科代表植物的观察，识别各科的重要代表植物，初步直观地识别单子叶植物和双子叶植物。

(2) 掌握这些代表科的主要特征。

(3) 学会解剖观察禾本科、莎草科植物的花，为识别和鉴定这类植物打下基础。

(4) 初步认识兰科植物高度特化的机制及其强大的繁衍能力在系统进化中的意义。

二、实验原理

单子叶植物一般沼生或湿生，草本，具有地下球茎。叶基生，开花时有茎生叶，常有长柄，基部鞘状而开裂，有线状披针形至卵圆形叶片，主脉与叶缘平行聚合于叶顶端，横脉常密集而平行。水生的种类叶常有两种类型：出水叶，即挺出水面的叶，如箭形叶或戟形叶等，叶脉在边缘成网结；沉水叶，条形或带形，横隔很明显。花 3 基数，两性或单性，辐射对称。花被 6，两轮排列，外轮绿色、萼片状，内轮花瓣状；雄蕊 6 至多数，分离，花丝扁而宽；花粉散播时具有 3 核；心皮 6 至多数，分离，螺旋状排列于突起的花托上或轮状排列于扁平的花托上。果实为聚合瘦果。

按照恩格勒的被子植物分类系统，单子叶植物纲包括 11 目 45 科。本书收录单子叶植物中常见的 7 科：泽泻科、禾本科、莎草科、天南星科、鸭跖草科、百合科、兰科。

三、试剂与器具

解剖镜、放大镜、搪瓷方盘、解剖针、擦镜纸、刀片、镊子等。

四、实验材料

本书收录的植物，如：泽泻、马蹄莲、鸭跖草、紫露草、蝴蝶花、鸢尾、百合、香附子、燕麦、小麦、鹅观草、春兰等。

五、内容和方法

(一) 常见的单子叶植物类群考察

(1) 泽泻科：沼生草本；单叶，基生，有长柄，叶形多变化；花两性或单性，辐射对称，轮生总状花序或圆锥花序；萼片 3，花瓣 3；雄蕊 6 至多数；雌蕊心皮离生；瘦果，种子无胚乳。

本科有 13 属 90 多种，全球广布；我国有 5 属 13 种。常见种类有泽泻(*Alisma plantago-aquatica*)、窄叶泽泻(*A. canaliculatum*，彩图 66)、慈姑(*Sagittaria trifolia*，彩图 67)、矮慈姑(*S. pygmaea*)等。

(2) 禾本科：草本，少有木本；可分为竹亚科与禾亚科；茎有节与节间，地上茎称为秆，常中空，圆柱形；单叶互生成 2 列，由叶鞘、叶片和叶舌构成，有时具叶耳，叶鞘包围秆，叶舌膜质或退化为一卷毛状物，很少缺；叶片狭长线形，或披针形，具平行叶脉，不具叶柄，通常不从叶鞘上脱落；在竹类中，叶具短柄，与叶鞘相连处具关节，易自叶鞘上脱落，秆箨与叶鞘有别，箨叶小而

无中脉;花序顶生或侧生,多为圆锥花序,或为总状、穗状花序。小穗是禾本科的典型特征,由颖片、小花和小穗轴组成;通常两性,或单性与中性,由外稃和内稃包被着,小花多有2枚微小的鳞被,雄蕊1~6,3居多,子房1室,含1胚珠;花柱通常2,稀1或3,柱头多呈羽毛状;颖果。

本科有660属10000余种,全球分布;我国有225属约1200种,遍布全国。常见植物种类有水稻(*Oryza sativa*)、雀麦(*Bromus japonicus*)、稗(*Echinochloa crusgalli*,彩图68)、狗尾草(*Setaria viridis*)、鹅观草(*Roegneria kamoji*)、玉米(*Zea mays*)、高粱(*Sorghum bicolor*)、普通小麦(*Triticum aestivum*)、燕麦(*Avena sativa*,彩图69)、芦苇(*Phragmites australis*)、桂竹(*Phyllostachys reticulata*)、箬竹(*Indocalamus tessellatus*,彩图70)等。

(3) 莎草科:草本,茎三棱形,实心,无节;叶常3列,叶鞘闭合;花小,两性或单性,生于小穗鳞片(常称为颖)的腋内,花被无或退化为刚毛状或鳞片状,小穗组成各种花序;雄蕊多为3枚;子房上位,1室,有直立的胚珠1颗,花柱单一,细长或基部膨大而宿存,柱头2~3;小坚果不裂,胚乳丰富。

本科有80多属4000多种,全球广布;我国有31属约670种。常见植物种类有香附子(*Cyperus rotundus*)、碎米莎草(*Cyperus iria*)、短叶水蜈蚣(*Kyllinga brevifolia*)、荸荠(*Eleocharis dulcis*)、异穗薹草(*Carex heterostachya*)等。

(4) 天南星科:草本,具根状茎或块茎;叶基生、茎生或互生,网状脉,全缘或有裂,基部有鞘;花小,两性或单性,单性同株时雌花位于花序下部,肉穗花序,常有彩色佛焰苞;花被缺失或鳞片状,小型;雄蕊4或6,花药2~4室;雌蕊多3心皮,子房上位;浆果。

本科有115属2000多种,大多分布于热带;我国有35属约206种。常见植物种类有半夏(*Pinellia ternata*,彩图71)、芋(*Colocasia esculenta*)、海芋(*Alocasia odora*,彩图72)、魔芋(*Amorphophallus konjac*,彩图73)、马蹄莲(*Zantedeschia aethiopica*)、龟背竹(*Monstera deliciosa*)等。

(5) 鸭跖草科:草本,茎直立或披散;叶互生,有闭合叶鞘;圆锥或聚伞花序顶生或腋生,花两性,辐射对称或两侧对称;萼片3,花瓣3;雄蕊6,有时2枚或其中多枚退化,花丝有时念珠毛状,无蜜腺;子房上位;蒴果,种子小,胚乳丰富。

本科有38属约500种,多分布于热带和亚热带;我国有15属51种。常见植物种类有鸭跖草(*Commelina communis*,彩图74)、白花紫露草(*Tradescantia fluminensis*)、吊竹梅(*Tradescantia zebrina*)、紫竹梅(*Setcreasea purpurea*)等。

(6) 百合科:草本,少灌木;常具根状茎、鳞茎或块根;单叶互生或基生,少有轮生;花两性,少单性。花被6片,2轮,辐射对称;雄蕊6,与之对生;雌蕊3心皮,子房3室;蒴果或浆果。

本科有175属2000多种,全球分布;我国有54属334种,多分布于西南地区。常见植物种类有郁金香(*Tulipa gesneriana*,彩图75)、麦冬(*Ophiopogon japonicus*,彩图76)、丝兰(*Yucca smalliana*)、玉簪(*Hosta plantaginea*)、百合(*Lilium brownii* var. *viridulum*)、卷丹(*Lilium tigrinum*)、野葱(*Allium chrysanthum*)、萱草(*Hemerocallis fulva*)等。

(7) 兰科:草本;单叶,基生或互生;花两性,多两侧对称;花被6片,2轮,或外轮为萼片,内轮为花瓣;雄蕊2或1,花粉粒状,常为黏合的花粉块;雌蕊与雄蕊合生为合蕊柱,子房下位,1室,侧膜胎座;种子微小而多,无胚乳。

本科约700属20000种,全球都有,主要分布于热带;我国有166属约1100种,常见植物种类有白及(*Bletilla striata*)、绶草(*Spiranthes sinensis*)、春兰(*Cymbidium goeringii*,彩图77)、蕙兰(*C. faberi*)、天麻(*Gastrodia elata*)等。

（二）标本的采集和制作

在考察上述单子叶植物类群时，采集正在开花或已结实的草本植物全株或者木本植物枝条，装入采集袋中带回实验室，整形，展平，挂上标签，夹在草纸之间并压入标本夹中，做好采集记录。经几次翻晾、换纸、整理直至标本干透（需 1～2 周），以氯化汞饱和乙醇溶液或者超低温消毒，用白乳胶将标本粘贴在台纸上，并用针线和白色小纸条固定。最后，按照要求贴上采集记录签。

（三）单子叶植物腊叶标本的观察

挑选单子叶植物腊叶标本若干，用放大镜或解剖镜观察各植物根、茎、叶的特点，并将不同科的植物进行比较，找出它们的不同点，得出有关科植物的主要特征。

六、实验报告

（1）标本制作：2～5 人为一个小组，将每个小组所采集的植物标本制成腊叶标本，压干、消毒后将标本装订在台纸上。

（2）在校园内随机采集 5 种单子叶植物或者挑选 5 种单子叶植物的腊叶标本，编制分种检索表来识别这 5 种植物。

（3）兰科植物的主要特征是什么？兰科植物的进步性表现在哪些方面？

 实验22 种子植物标本的采集、制作与保存

一、目的与要求

(1) 掌握种子植物标本的制作技术。

(2) 学习标本消毒及保存的常规方法。

二、试剂与器具

(1) 试剂:甲醛、冰醋酸、乙醇、醋酸铜、氯化铜、甘油、亚硫酸、硼酸、明矾、氯化钠、升汞、甘油。

(2) 器具:标本夹、采集记录本(采集记录纸)、采集箱(袋)、吊牌、解剖刀、GPS、报纸、草纸、修枝剪、高枝剪、小铲子、解剖刀片、照相机、加热器等。

三、实验材料

植物的全株、器官或枝条。

四、内容和方法

(一) 腊叶标本的采集与制作

1. 采集装备

可根据工作需要列出标本采集工具详细清单,便于管理和查遗,野外采集标本常携带的工具有标本夹、采集记录本(采集记录纸)、采集箱(袋)、吊牌、解剖刀、GPS、报纸、草纸等。

(1) 标本夹:用于压制标本。现在国内野外工作应用较普遍的是木质标本夹,这类标本夹适合标本压制,但在野外工作中,压制标本后,往往需要立即捆扎,这就给野外工作带来了一定的困难。还有一类标本夹由布制作而成,结构简单,功能强大,不仅可携带报纸或草纸,而且可携带固定液,该类标本夹在国内应用不广(市场上难以购买),备受专业野外工作者喜爱,有利于野外工作的开展。

(2) 捆扎带:捆扎木质标本夹,使用简单方便,效率高。

(3) 修枝剪:采集标本。

(4) 高枝剪:采集树冠标本。

(5) 小铲子:获取草本植物根、根状茎等。

(6) 采集记录本:标本是植物的重要档案,没有记录的标本将给标本学名鉴定带来诸多困难,不利于后期重复采集。

(7) 采集箱(袋):过去常用铁片箱,现在常用大型塑料袋,同时带上自封袋以便对不同标本分类保存,这利于植物保鲜和结构的完整性。

(8) 吊牌:记录标本号数等信息,用稍硬纸裁剪成长方形的小纸片。大小是 2 cm×1 cm,一端拴上白线,格式如下:

示例：植物标本采集记录签

×××标本室

中文名：__________ 科名：__________

学名：__________

采集日期：__________ 采集号：__________ 份数：__________

产地：__________省__________县__________

海拔：__________ m 北纬：__________ 东经：__________

采集人：__________ 标本份数：__________ 株高：__________ cm

性状：乔木（ ）；灌木（ ）；藤本（ ）；草本（ ）

叶：__________

花：__________

果实（种子）：__________

附记：__________

采集号数：__________

采集日期：__________

采 集 人：__________

采集地点：__________

（9）解剖刀片：对花或果实进行解剖，便于了解其内部结构。

（10）照相机：通过数码相机能有效地获取采集标本的形态特征、生境状况、空间结构等信息。一般需记录其照片编号，同时结合腊叶标本编号以利于后期标本鉴定。

2. 标本采集

种子植物标本的采集应尽量保证所采标本的完整性，营养器官和生殖器官不可或缺。采集草本、垫状灌木和亚灌木等小型植物标本时，一定要采集根；乔木和灌木标本只采集植物体的一部分，但该标本需尽可能代表植物特性，例如采集带有花或果的营养枝；部分植物标本需采集树皮；雌雄异株的植物，要分别采集雄株和雌株的标本；水生柔软植物需用硬纸板从水中将其托出，连同植被一起压制；肉质或地下茎植物采集后可先带回住处，用开水浸泡一下，同时，可用刀等工具对其肉汁部分进行处理，利于其干燥；采集寄生植物时，需一同采集寄主植物；对于具地下根茎、块茎、鳞茎、块根的植物，应将其地下部挖出并编号保存；对于极小的标本，可用餐巾纸直接压制，然后放在较小的采集箱中。

野外采集必须做现场记录，记录在专用采集记录签上，按要求填写。其中有几项最为重要，如植物的产地、海拔、花和果的颜色等，因为花、果的颜色经标本夹压制后很容易变色，影响正确鉴定种类。做野外记录的同时对每份标本进行编号，号码写在吊牌和采集记录签上，二者必须一致，这样可按吊牌查找采集记录。同一地点、同一时间内采集的同一种标本，一般要采集 2～3 份，可编同一号数，但不同地点、时间采集的植物标本，即使认为是同种植物，也应分别编不同的号，每份标本都应拴上吊牌，以免出错。

3. 植物腊叶标本的压制和整理

1）标本压制

（1）整形：采回的植物标本，须进行修剪，剪去多余的枝叶，剪至适当大小，保留适当多的花果,去掉泥污,挂好标签,将采集记录补充完整。标本的长度一般在35～40 cm,宽度在25 cm左右;较小标本可直接压制,其他则应进行折叠处理,形状可为V、N或W形,最长段一般为35 cm左右,尽量留有花、有果的顶端部分;弹性较大的植物(禾本科、莎草科植物等),在对其进行造型处理时,可用夹子或回形针等固定其折角;叶子较大的可留任何半侧,或将标本拆分为几份,标本编号使用同样的号,但各部分需标上"A""B""C"等。若为肉质多浆植物,须用开水将其烫死;对于一些易落叶的植物,也可用开水烫后再压,以防落叶;肉质变态器官烫后宜用解剖刀将肉质部分分割开再进行压制。

(2) 压制:压制的目的是使标本干燥、平整和定形,不可采用晾晒的办法。标本整形后应压入带有吸水草纸的标本夹内。标本夹底层先放一定厚度的干燥吸水纸或瓦楞纸,然后将标本铺展于其上,标本的枝叶须按一定的角度和位置平展,在同一面上的叶片应正反面均有,避免相互重叠。铺平标本后,再在其上铺压数层干燥吸水纸,如此依次向上压制。压制时注意使各层厚薄均匀,以免倾斜。到一定的厚度(30～50 cm),将标本夹用绳索捆扎结实,置于室内干燥通风处。标本夹要尽量捆紧,使标本压平,利于标本定型,3～4 d后可适当放松,这样可避免损伤标本。

(3) 换纸翻压:翻压的方法基本同上,所换草纸应是充分干燥的,初期翻压应配以适当整形,标本干硬后不宜再整,以免断损。翻压频率,初期每天至少1次,4～5 d后隔天1次,1周后3 d 1次,经10～15 d直至标本完全干燥为止。

注意事项如下。

(1) 报纸内若有中等大小的果实,如木兰科的蓇葖果、山核桃等,应在果实周围叠放草纸,草纸可使果实附近的叶片整齐,同时不影响上、下标本的整齐度。

(2) 比较容易黏合的花,可将其解剖,用照相机或解剖镜等拍摄其结构,然后浸泡或用纸巾压干,如凤仙花科、兰科等植物的标本;蛇菰科、水晶兰科植物等需同时制作腊叶标本和浸泡标本,浸泡标本可用来保存花的实体特征,利于标本鉴定。

(3) 松柏类标本,虽易压制,但干燥过程中叶及球果都易脱落。标本在压制之前可用沸水浸泡5～10 min,这样可杀死组织,避免叶和果实脱落。

(4) 部分标本没有花或果实,如有必要,可采集活体标本栽植,供后续研究。

2) 标本干燥

植物标本压制在标本夹中,可通过以下两种方式干燥。

(1) 自然干燥。

本压制的标本,水分多,通常需要每天要换2～3次草纸,2～3 d后可每天换一次,以后可以几天换一次,直至干燥为止。雨季要勤检查,勤换纸,防止标本发霉。换下的草纸要及时晒干或烘干。

(2) 人工加热干燥。

①烘烤法:人工干燥用时通常为12～48 h,其排列方式为瓦楞纸与报纸(内含植物标本)交互叠放,利于通风,加入铝片便于传递热量。标本捆扎好后通常置于干燥箱(含加热器和风扇)中加热,温度一般控制在45 ℃左右,过热会导致标本变色,甚至引发火灾。

②鼓热风法:采用铝板加热、热风通过瓦楞纸的方式带走水分,以达到快速干燥标本的目的。其详细操作步骤如下。a. 标本放置:标本较多时,一般是一张瓦楞纸,放上2～4张报纸(即2～4份标本),之后再放一张铝板,如此循环进行;如果标本比较少,则可用一张瓦楞纸,放入报纸,再放瓦楞纸,之后放铝板。肉质或比较厚的标本最好置于中间。将以上放置的标本放

在标本夹上，拴紧(不能太紧，要便于通风)。将标本夹竖直放好，两侧用瓦楞纸遮挡，最好再用草纸将两侧的缝隙挡住，上面可以放置瓦楞纸，再放草纸(这样做的目的就是让热气可以直接从瓦楞纸中通过)。b.标本加热：标本放置好之后，用便携式取暖器对标本进行加热处理。常用的加热工具为 PTC 取暖器，额定电压为 220 V，额定频率为 50 Hz，额定功率为 1800 W。

3）标本的制作

腊叶标本需要贴在台纸(29 cm×42 cm)上，这类台纸常可订制。将标本放在台纸上，用明胶或乳胶把标本贴在台纸上，再用线或纸条将枝干、果等部分缝牢，或将台纸穿孔贴纸条在背面。对于过小的标本(如堇菜类、小龙胆)，可将其装入纸袋中，再把纸袋贴在台纸上。台纸的左上角贴 1 份已抄好的采集记录签，台纸右下角贴采集记录签，经鉴定后写上拉丁文学名、鉴定者。有价值且易脱落的部分(如花、种子、果实等)，应放置在小折叠袋中。

标本制作中，需对标本进行消毒处理，通常采用以下几种方法：①药剂消毒，可以用磷化铝或二氧化硫等药剂熏蒸消毒，但需注意安全；②紫外光灯消毒；③冷冻消毒，将标本放在超低温冰柜(－40～－37 ℃)冷冻消毒一周或两周，取出标本后需晾干再展开后续工作。

4）腊叶标本的保存

腊叶标本应保存在特制的标本柜内。标本柜要密封、防潮，大小可依据需要和具体情况而定；标本柜以铁制的最好，也可用木制或用纸盒分装标本。目前应用较多的标本柜规格：高约 190 cm，宽 75 cm，深 50 cm，4 门，每门内分 6 格并用隔板隔开。腊叶标本的排列应根据需要而定，一些大的标本馆或标本室通常各科按分类系统排列。标本馆对标本归档时，通常是按特定的分类系统，如 Engler 系统、哈钦松系统等排列，属种排列按拉丁文首字母展开。为了防止标本发霉、虫蛀，柜子应放在干燥处，每层放入干燥剂与樟脑球，适时更换，并每 2～3 年以药剂熏蒸消毒，以达到防霉防虫的目的。

标本橱的每格内存放的标本份数不宜太多，以免压坏。珍贵标本，还可在台纸上顶边粘贴与台纸等大的透明硫酸纸或塑料薄膜做盖纸，或将标本置于专门的透明袋内，以免磨损，以利于更好地保存。

（二）浸制标本的制作

浸制标本是指将新鲜的植物材料放入化学浸渍液制成的标本，浸渍标本可分为防腐性浸渍标本和原色浸渍标本，常用的浸渍标本为防腐性浸渍标本。标本材料应采摘新鲜无病(植病标本除外)的材料，果实以八成熟为宜。浸制材料应保存在玻璃广口瓶或标本瓶中，注意瓶中浸泡的材料不可过满。装好材料和药液后加盖，并用聚乙烯醇、凡士林等将瓶口封严，在瓶的外面贴上标签。制作好的浸制标本应陈列在室温较低、无阳光直射的标本柜中。浸制标本一般可保存 1～3 年。

1. 一般药液浸制标本

1）福尔马林浸制标本

该类固定液配方为：甲醛(38%)5 mL、冰醋酸 5 mL、乙醇(70%)90 mL。若浸泡材料比较幼嫩，乙醇浓度可设置为 50%，可防止材料收缩。该类固定液使用比较广泛。

2）乙醇溶液浸制标本

用市售工业乙醇或卫生乙醇(无水乙醇)加水配成 70%乙醇溶液，即可浸泡标本。

2. 原色标本浸制

1）绿色标本浸渍方法

在保色标本中，以保持标本原有的绿色效果较好，常用的方法有以下几种。

(1) 将醋酸铜结晶 6 g 加入 100 mL 冰醋酸中,直到饱和为止,制成原液,使用时稀释 1～4 倍,制成浸渍液。处理标本时,80 ℃水浴锅加热;将洗净的标本置于浸渍液中,标本的绿色渐渐退成黄褐色,继续加热,待颜色变为绿色时停止加热,立即取出用清水漂洗,然后置于保存液(5%甲醛溶液)中保存。

(2) 用氯化铜 10 g、甘油 2.5 mL、福尔马林 5 mL、冰醋酸 2.5 mL、50%乙醇 90 mL 配成药液,将标本洗净放入,浸泡 1 周左右,取出洗净,放入保存液中保存。幼嫩的器官或果实,不宜加热处理,适合用这种溶液浸制保色。

(3) 用 50 mL 冰醋酸和 50 mL 水配成 50%醋酸溶液,在溶液中慢慢加入醋酸铜粉末,不断搅拌,直到饱和为止,稀释成醋酸铜溶液(取醋酸铜原液 1 份,加水 4 份稀释),将溶液倒入大烧杯内加热至 70～85 ℃,然后将新鲜绿色植物置于保存液(5%甲醛溶液)中保存。

还可用硫酸铜代替醋酸铜,配成饱和硫酸铜溶液,用硫酸铜溶液同上述方法一样处理绿色植物。有一些特别幼嫩的植物,不宜加热,可浸入 5%硫酸铜溶液里。

2) 红色标本的浸制

植物呈红色的部位,主要是花、果实、叶片。花、果实显色的原因是类胡萝卜素及溶于水的花青素受酸碱度变化影响而导致其颜色发生变化。不同花、果实显红色,但其色素成分不同,此处列举一种保色方法:取甲醛 5 mL、亚硫酸 2 mL、硼酸 2 g,加水定容至 1000 mL。

3) 黄绿色标本的浸制

将黄绿色的果实或植物的黄绿色部分(如梨、金橘、甜瓜等)洗干净,常用 0.15%～0.50% 亚硫酸溶液直接保存。

4) 紫色标本的浸制

老熟的紫色茄子,可用明矾 3 g、氯化钠 160 g、硼酸 2 g、甲醛 1 mL,加水定容至 1000 mL。紫色葡萄等,可用升汞 1 g、甘油 4 mL,加水定容至 1000 mL。

五、实验报告

(1) 如何压制出一份高质量标本?

(2) 制作标本的过程中,不同干燥方法的特点分别是什么?

(3) 标本消毒方法有哪几类?

(4) 每 5～6 位同学为一个小组,利用课外时间采集、压制及制作简易植物腊叶标本约 15 份,草本植物应是带根系且具花或果的植株,木本植物为 25～30 cm 长、带花或果实的枝条。每份标本上附有小标签,写出植物的中文名、拉丁文学名、科名并简单描述每种植物的形态特征。

 实验 23 校园植物的观察与识别

一、目的与要求

(1) 通过对校园植物的调查研究,熟悉研究区域植物及其分类的基本方法。

(2) 了解校园内的植物类型及植物种和科的识别特征。

(3) 编制校园植物检索表,对植物进行归纳并按一定目的分门别类。

二、实验原理

现在的大学校园绿化植物一般比较丰富,栽培及自然生长的植物种类很多。在积累了被子植物的系统分类的基础理论知识后,可以充分利用校园的绿化优势,通过调查研究校园内植物的种类,熟悉观察、研究区域植物及其分类的基本方法,为以后的野外实习做准备。为保证实验的质量和效果,根据学校的实际情况把校园植被绿化分成不同的区域,学生可分成多个小组对不同校园区域的植物(包括栽培及自然生长的植物)进行调查研究。

三、试剂与器具

数码相机、镊子、放大镜、铅笔、笔记本、植物检索表及相关植物图谱等工具书。

四、实验材料

校园内各种植物。

五、内容和方法

(一) 基础性实验——校园植物形态特征的观察与科学描述

对植物的形态特征进行科学的描述是进行物种识别与分类的基础,学生在野外实习之前一定要学会植物形态特征的科学描述方法。

植物种类的识别、鉴定必须在严谨、细致的观察研究后进行。在对植物进行观察研究时,首先要观察清楚每一种植物的生长环境,然后观察植物具体的形态结构特征。植物形态特征的观察应起始于根(或茎的基部),结束于花、果实或种子。先用眼睛进行整体观察,细微、重要部分须借助放大镜观察,并能按以下特征进行观察和科学描述。

(1) 植物的性状:乔木、灌木、亚灌木、草木(包括一、二年生或多年生);茎的形状、颜色、被毛或光滑;直立、平卧、匍匐、攀援、缠绕或其他。

(2) 叶:单叶或复叶;叶形,有叶柄或无叶柄,对生、互生或轮生。叶面及叶背颜色,被毛或其他,网状脉或平行脉,有托叶或无托叶。

(3) 花序:总状类花序(如穗状、总状、圆锥、伞形等花序)或聚伞类花序(如轮伞、聚伞花序)或花单生等。

(4) 花的各部分:观察、研究要极为细致、全面,从花柄开始,通过花萼、花冠、雄蕊,最后到雌蕊。必要时要对花进行解剖,分别做横切和纵切,观察花各部分的排列情况、子房位置、组成雌蕊的心皮数目、子房室数及胎座类型等。

① 苞片:形状、颜色、数目、被毛或其他。

② 花萼:萼片形状、颜色、数目、离生或合生、被毛或无毛。

③ 花冠:花瓣形态、颜色、数目、离生或合生、被毛或无毛。

④ 雄蕊:数目、花丝离生或合生,雄蕊与花瓣、萼片对生或互生,花药的着生情况和开裂方式。

⑤ 雌蕊:花柱数目、柱头分裂数或不裂或浅裂,子房上位、下位或半下位,子房室的数目,胎座式(如中轴胎座、特立中央胎座、侧膜胎座等),胚珠少数、多数或定数。

⑥ 果实:属于何种果实?开裂或不开裂,果实的形状、大小和颜色。

⑦ 种子:形状、大小和颜色,解剖种子,观察有无胚乳,胚的子叶数目。

(二) 综合性实验——校园植物种类的识别与鉴定

在对植物观察清楚的基础上,对校园内的植物进行识别和鉴定。对特征明显、自己又很熟悉的植物,确认无疑后可直接写下名称;生疏的种类需借助于植物检索表等工具书在老师的指导下进行检索、识别。在把区域内的所有植物鉴定、统计后,写出名录并把各植物归属到科。通过各科植物的对比观察,总结出校园植物的科、属、种的识别特征,为以后的野外植物识别观察奠定一定的基础。

(三) 探索性实验——校园植物的归纳分类

在对校园植物识别、统计后,为了全面了解、掌握校园内的植物资源情况,还需对它们进行归纳分类。分类的方式可根据自己的研究兴趣和校园植物具体情况进行选择。对植物进行归纳分类时要学会充分利用相关的参考文献。下面是几种常见的校园植物归纳分类方式。

(1) 按植物形态特征分类:木本植物(乔木、灌木、木质藤本);草本植物(一年生草本、二年生草本、多年生草本、草质藤本)。

(2) 按植物系统分类:藻类、菌类、地衣、苔藓植物;蕨类植物、裸子植物、被子植物;双子叶植物、单子叶植物。

(3) 按经济价值分类:药用植物、纤维植物、油脂植物、淀粉植物、饲用植物、材用植物、蜜源植物、香料植物、绿肥植物、观赏植物、其他经济植物。

(4) 填写校园常见植物及其生活型一览表(表 6-3)。编制校园植物的定距式检索表。

表 6-3 校园常见植物及其生活型一览表

序号	种名	科名	乔木	灌木	藤本	草本	备注

六、实验报告

(1) 写出所调查区域校园植物名录(归属到科),并对它们进行归纳分类。

(2) 通过校园植物的调查、研究,谈谈你对学校绿化现状的意见和建议。

附录　常见高等植物名录

一、苔藓

地钱(*Marchantia polymorpha*)
葫芦藓(*Funaria hygrometrica*)

二、蕨类

卷柏科(Selaginellaceae)

卷柏(*Selaginella tamariscina*)
中华卷柏(*Selaginella sinensis*)
翠云草(*Selaginella uncinata*)

瓶尔小草科(Ophioglossaceae)

瓶尔小草(*Ophioglossum vulgatum*)

凤尾蕨科(Pteridaceae)

井栏边草(*Pteris multifida*)
凤尾蕨(*Pteris cretica* var. *nervosa*)
蜈蚣草(*Eremochloa ciliaris*)
蕨(*Pteridium aquilinum* var. *latiusculum*)

鳞毛蕨科(Dryopteridaceae)

中华鳞毛蕨(*Dryopteris chinensis*)

海金沙科(Lygodiaceae)

海金沙(*Lygodium japonicum*)

蘋科(Marsileaceae)

蘋(*Marsilea quadrifolia*)
满江红(*Azolla imbricata*)

铁线蕨科(Adiantaceae)

铁线蕨(*Adiantum capillus-veneris*)
灰背铁线蕨(*Adiantum myriosorum*)
肾盖铁线蕨(*Adiantum erythrochlamys*)

中国蕨科(Sinopteridaceae)

粉背蕨(*Aleuritopteris pseudofarinosa*)
碎米蕨(*Cheilosoria mysurensis*)

水龙骨科(Polypodiaceae)

石韦(*Pyrrosia lingua*)
瓦韦(*Lepisorus thunbergianus*)

三、裸子植物

苏铁科(Cycadaceae)

苏铁(*Cycas revoluta*)

银杏科(Ginkgoaceae)

银杏(*Ginkgo biloba*)

松科(Pinaceae)

雪松(*Cedrus deodara*)
金钱松(*Pseudolarix amabilis*)
落叶松(*Larix gmelini*)
马尾松(*Pinus massoniana*)
油松(*Pinus tabuliformis*)

杉科(Taxodiaceae)

池杉(*Taxodium distichum* var. *imbricatum*)
落羽杉(*Taxodium distichum*)
柳杉(*Cryptomeria japonica* var. *sinensis*)
杉木(*Cunninghamia lanceolata*)
水松(*Glyptostrobus pensilis*)

柏科(Cupressaceae)

侧柏(*Platycladus orientalis*)
圆柏(*Juniperus chinensis*)
龙柏(*Sabina chinensis* cv. *kaizuca*)
刺柏(*Juniperus formosana*)

罗汉松科(Podocarpaceae)

罗汉松(*Podocarpus macrophyllus*)

四、被子植物——双子叶植物纲

1. 木兰亚纲(Magnoliidae)

木兰科(Magnoliaceae)

荷花玉兰(*Magnolia grandiflora*)
玉兰(*Yulania denudata*)
紫玉兰(*Yulania liliflora*)
含笑(*Michelia figo*)
鹅掌楸(*Liriodendron chinense*)

樟科(Lauraceae)

香樟(*Cinnamomum camphora*)

蜡梅科(Calycanthaceae)

蜡梅(*Chimonanthus praecox*)

毛茛科(Ranunculaceae)

猫爪草(*Ranunculus ternatus*)
扬子毛茛(*Ranunculus sieboldii*)
石龙芮(*Ranunculus sceleratus*)
毛茛(*Ranunculus japonicus*)
天葵(*Semiaquilegia adoxoides*)
威灵仙(*Clematis chinensis*)

小檗科(Berberidaceae)

南天竹(*Nandina domestica*)
十大功劳(*Mahonia fortunei*)

罂粟科(Papaveraceae)

紫堇(*Corydalis edulis*)
黄堇(*Corydalis pallida*)

2. 金缕梅亚纲(Hamamelidae)

金缕梅科(Hamamelidaceae)

红花檵木(*Loropetalum chinense* var. *rubrum*)
檵木(*Loropetalum chinense*)
枫香树(*Liquidambar formosana*)

桑科(Moraceae)

桑(*Morus alba*)
鸡桑(*Morus australis*)
构树(*Broussonetia papyrifera*)
薜荔(*Ficus pumila*)
印度橡皮榕(*Ficus elastica*)

胡桃科(Juglandaceae)

枫杨(*Pterocarya stenoptera*)

杜仲科(Eucommiaceae)

杜仲(*Eucommia ulmoides*)

3. 石竹亚纲(Caryophyllidae)

仙人掌科(Cactaceae)

蟹爪兰(*Zygocactus truncatus*)
仙人球(*Echinopsis wilkensii*)

石竹科(Caryophyllaceae)

繁缕(*Stellaria media*)
石竹(*Dianthus chinensis*)
香石竹(*Dianthus caryophyllus*)

蓼科(Polygonaceae)

萹蓄(*Polygonum aviculare*)
杠板归(*Polygonum perfoliatum*)
水蓼(*Polygonum hydropiper*)
红辣蓼(*Polygonum orientale*)
何首乌(*Fallopia multiflora*)

藜科(Chenopodiaceae)

藜(*Chenopodium album*)

4. 五桠果亚纲(Dilleniidae)

锦葵科(Malvaceae)

木芙蓉(*Hibiscus mutabilis*)
锦葵(*Malva cathayensis*)
磨盘草(*Abutilon indicum*)
木槿(*Hibiscus syriacus*)

杨柳科(Salicaceae)

垂柳(*Salix babylonica*)
旱柳(*Salix matsudana*)
龙爪柳(*Salix matsudana* f. *tortusoa*)
钻天杨(*Populus nigra* var. *italica*)
毛白杨(*Populus tomentosa*)

藤黄科(Guttiferae)

金丝桃(*Hypericum monogynum*)

堇菜科(Violaceae)

紫花地丁(*Viola philippica*)
鸡腿堇菜(*Viola acuminata*)

圆叶堇菜(*Viola pseudo-bambusetorum*)
三色堇(*Viola tricolor*)

十字花科(Cruciferae)

甘蓝(*Brassica oleracea* var. *capitata*)
油菜(即芸薹，*Brassica rapa* var. *oleifera*)
诸葛菜(*Orychophragmus violaceus*)
萝卜(*Raphanus sativus*)
碎米荠(*Cardamine hirsuta*)
荠(*Capsella bursa-pastoris*)
北美独行菜(*Lepidium virginicum*)
蔊菜(*Rorippa indica*)

杜鹃花科(Ericaceae)

满山红(*Rhododendron mariesii*)
杜鹃(*Rhododendron simsii*)
西洋杜鹃(*Rhododendron hybridum*)

报春花科(Primulaceae)

星宿菜(*Lysimachia fortunei*)
泽珍珠菜(*Lysimachia candida*)
过路黄(*Lysimachia christinae*)

山茶科(Theaceae)

山茶(*Camellia japonica*)
茶梅(*Camellia sasanqua*)
油茶(*Camellia oleifera*)

5. 蔷薇亚纲(Rosidae)

蔷薇科(Rosaceae)

蛇莓(*Duchesnea indica*)
枇杷(*Eriobotrya japonica*)
梅(*Armeniaca mume*)
桃(*Amygdalus persica*)
月季(*Rosa chinensis*)
樱花(*Prunus yedoensis*)
插田泡(*Rubus coreanus*)
野蔷薇(*Rosa multiflora*)
棣棠花(*Kerria japonica*)
火棘(*Pyracantha fortuneana*)
中华绣线菊(*Spiraea chinensis*)
粉叶绣线菊(*Spiraea compsophylla*)
石楠(*Photinia serratifolia*)
路边青(*Geum aleppicum*)

景天科(Crassulaceae)

垂盆草(*Sedum sarmentosum*)
佛甲草(*Sedum lineare*)
费菜(*Sedum aizoon*)

豆科(Leguminosae)

豌豆(*Pisum sativum*)
蚕豆(*Vicia faba*)
野葛(*Pueraria lobata*)
白车轴草(*Trifolium repens*)
紫荆(*Cercis chinensis*)
紫藤(*Wisteria sinensis*)
云实(*Caesalpinia decapetala*)
合欢(*Albizia julibrissin*)
龙爪槐(*Sophora japonica* f. *pendula*)
槐树(*Sophora japonica*)

大戟科(Euphorbiaceae)

铁苋菜(*Acalypha australis*)
湖北算盘子(*Glochidion wilsonii*)
白背叶(*Mallotus apelta*)
泽漆(*Euphorbia helioscopia*)
湖北大戟(*Euphorbia hylonoma*)
蓖麻(*Ricinus communis*)
一品红(*Euphorbia pulcherrima*)
地锦草(*Euphorbia humifusa*)
乌桕(*Sapium sebiferum*)
油桐(*Vernicia fordii*)

葡萄科(Vitaceae)

乌蔹莓(*Cayratia japonica*)
爬山虎(*Parthenocissus tricuspidata*)
葡萄(*Vitis vinifera*)
三裂蛇葡萄(*Ampelopsis delavayana*)
白蔹(*Ampelopsis japonica*)

芸香科(Rutaceae)

橘子(*Citrus reticulata*)
竹叶花椒(*Zanthoxylum armatum*)
柚(*Citrus maxima*)

两面针（*Zanthoxylum nitidum*）

伞形科（Umbelliferae）

胡萝卜（*Daucus carota* var. *sativa*）
野胡萝卜（*Daucus carota*）
香芹（*Libanotis seseloides*）
水芹（*Oenanthe javanica*）
芫荽（*Coriandrum sativum*）
天胡荽（*Hydrocotyle sibthorpioides*）

五加科（Araliaceae）

鹅掌柴（*Schefflera heptaphylla*）
八角金盘（*Fatsia japonica*）
常春藤（*Hedera sinensis*）

6. 菊亚纲（Asteridae）

夹竹桃科（Apocynaceae）

夹竹桃（*Nerium indicum*）
长春花（*Catharanthus roseus*）
蔓长春花（*Vinca major*）

杜鹃花科（Ericaceae）

杜鹃（即映山红，*Rhododendron simsii*）

唇形科（Labiatae）

活血丹（*Glechoma longituba*）
风轮菜（*Clinopodium chinense*）
夏枯草（*Prunella vulgaris*）
香薷（*Elsholtzia ciliata*）
紫苏（*Perilla frutescens*）
一串红（*Salvia splendens*）
薄荷（*Mentha canadensis*）
金疮小草（*Ajuga decumbens*）
水苏（*Stachys japonica*）

玄参科（Scrophulariaceae）

通泉草（*Mazus pumilus*）
水苦荬（*Veronica undulata*）
蓝猪耳（*Torenia fournieri*）
湖北地黄（*Rehmannia henryi*）
婆婆纳（*Veronica didyma*）
阿拉伯婆婆纳（*Veronica persica*）
毛泡桐（*Paulownia tomentosa*）

木樨科（Oleaceae）

桂花（*Osmanthus fragrans*）
女贞（*Ligustrum lucidum*）
茉莉花（*Jasminum sambac*）

茄科（Solanaceae）

辣椒（*Capsicum annuum*）
西红柿（*Lycopersicon esculentum*）
矮牵牛（*Petunia hybrida*）
白英（*Solanum lyratum*）
龙葵（*Solanum nigrum*）
曼陀罗（*Datura stramonium*）
枸杞（*Lycium chinense*）

茜草科（Rubiaceae）

栀子（*Gardenia jasminoides*）
茜草（*Rubia cordifolia*）
鸡矢藤（*Paederia scandens*）
六月雪（*Serissa japonica*）
猪殃殃（*Galium aparine* var. *tenerum*）
龙船花（*Ixora chinensis*）

忍冬科（Caprifoliaceae）

金银花（*Lonicera maackii*）
琼花（*Viburnum macrocephalum* f. *keteleeri*）

菊科（Compositae）

向日葵（*Helianthus annuus*）
野菊花（*Chrysanthemum indicum*）
向日葵（*Helianthus annuus*）
大理菊（*Dahlia pinnata*）
瓜叶菊（*Pericallis hybrida*）
万寿菊（*Tagetes erecta*）
鬼针草（*Bidens pilosa*）
鼠麴草（*Gnaphalium affine*）
鳢肠（*Eclipta prostrata*）
艾（*Artemisia argyi*）
苍耳（*Xanthium sibiricum*）
天名精（*Carpesium abrotanoides*）
革命菜（*Erechtites hieraciifolius*）
钻叶紫菀（*Aster subulatus*）
千里光（*Senecio scandens*）

泥胡菜(*Hemistepta lyrata*)
莴苣(*Lactuca sativa*)

五、被子植物——单子叶植物纲

泽泻科(Alismataceae)

泽泻(*Alisma plantago-aquatica*)

棕榈科(Arecaceae)

棕榈(*Trachycarpus fortunei*)
棕竹(*Rhapis excelsa*)

美人蕉科(Cannaceae)

美人蕉(*Canna indica*)

天南星科(Araceae)

半夏(*Pinellia ternata*)
魔芋(*Amorphophallus konjac*)
龟背竹(*Monstera deliciosa*)
马蹄莲(*Zantedeschia aethiopica*)

莎草科(Cyperaceae)

香附子(*Cyperus rotundus*)
荸荠(*Eleocharis dulcis*)
扁穗莎草(*Cyperus compressus*)
萤蔺(*Schoenoplectus juncoides*)

鸭跖草科(Commelinaceae)

鸭跖草(*Commelina communis*)
紫露草(*Tradescantia ohiensis*)
饭包草(*Commelina benghalensis*)
吊竹梅(*Tradescantia zebrina*)
紫竹梅(*Setcreasea purpurea*)

禾本科(Gramineae)

玉米(*Zea mays*)
薏苡(*Coix lacryma-jobi*)
芒(*Miscanthus sinensis*)
五节芒(*Miscanthus floridulus*)
类芦(*Neyraudia reynaudiana*)
簕竹(*Bambusa blumeana*)
稗(*Echinochloa crusgalli*)
狗牙根(*Cynodon dactylon*)
看麦娘(*Alopecurus aequalis*)
狗尾草(*Setaria viridis*)
狼尾草(*Pennisetum alopecuroides*)
白茅(*Imperata cylindrica*)
香附子(*Cyperus rotundus*)
燕麦(*Avena sativa*)
小麦(*Triticum aestivum*)
鹅观草(*Elymus kamoji*)
马唐(*Digitaria sanguinalis*)
细柄草(*Capillipedium parviflorum*)

姜科(Zingiberaceae)

艳山姜(*Alpinia zerumbet*)
姜花(*Hedychium coronarium*)

百合科(Liliaceae)

芦荟(*Aloe vera* var. *chinensis*)
百合(*Lilium brownii* var. *viridulum*)
郁金香(*Tulipa gesneriana*)
风信子(*Hyacinthus orientalis*)
玉簪(*Hosta plantaginea*)
万寿竹(*Disporum cantoniense*)
蜘蛛抱蛋(*Aspidistra elatior*)
吊兰(*Chlorophytum comosum*)
山麦冬(*Liriope spicata*)
天门冬(*Asparagus cochinchinensis*)
葱(*Allium fistulosum*)
蒜(*Allium sativum*)

鸢尾科(Iridaceae)

鸢尾(*Iris tectorum*)
蝴蝶花(*Iris japonica*)
射干(*Belamcanda chinensis*)

兰科(Orchidaceae)

春兰(*Cymbidium goeringii*)

参 考 文 献

[1] 曹建国,戴锡玲,王全喜.植物学实验指导[M].北京:科学出版社,2012.
[2] 顾德兴.普通生物学[M].北京:高等教育出版社,2000.
[3] 李正理.植物组织制片学:上册[M].2版.北京:北京大学出版社,2011.
[4] 陆时万,徐祥生,沈敏健.植物学[M].北京:高等教育出版社,1991.
[5] 彭玲.普通生物学实验[M].武汉:华中科技大学出版社,2006.
[6] 魏道智.普通生物学[M].北京:高等教育出版社,2012.
[7] 汪小凡,杨继.植物生物学实验[M].2版.北京:高等教育出版社,2006.
[8] 王全喜,张小平.植物学[M].2版.北京:科学出版社,2012.
[9] 王丽,关雪莲.植物学实验指导[M].2版.北京:中国农业大学出版社,2013.
[10] 王英典,刘宁,刘全儒.植物生物学实验指导[M].2版.北京:高等教育出版社,2011.
[11] 叶创兴,冯虎元,廖文波.植物学实验指导[M].2版.北京:清华大学出版社,2012.
[12] 周云龙.孢子植物实验及实习[M].3版.北京:北京师范大学出版社,2009.
[13] 周仪.植物形态解剖实验[M].3版.北京:北京师范大学出版社,2000.
[14] 金银根,何金铃.植物学实验与技术[M].2版.北京:科学出版社,2010.
[15] 王幼芳,李宏庆,马炜梁.植物学实验指导[M].3版.北京:高等教育出版社,2021.
[16] 姚家玲.植物学实验指导[M].2版.北京:高等教育出版社,2009.

彩　　图

彩图 1　壳状地衣

彩图 2　叶状地衣

彩图 3　枝状地衣

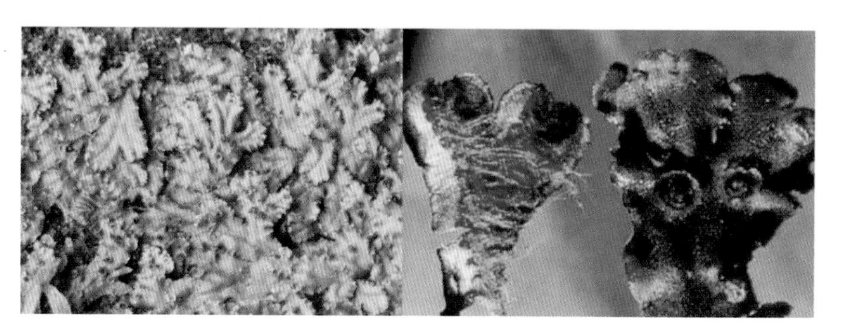

彩图 4　地钱植株形态

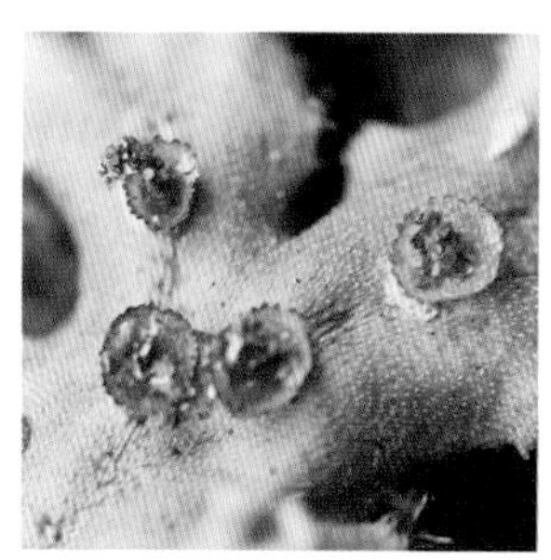

彩图 5　地钱胞芽杯

彩图 6　地钱雌生殖托

彩图 7　地钱雄生殖托

彩图 8　葫芦藓

图版Ⅰ　苔藓植物

彩图 9　翠云草

彩图 10　问荆

彩图 11　蕨

彩图 12　铁线蕨

彩图 13　井栏边草

彩图 14　蜈蚣草

彩图 15　灰背铁线蕨

彩图 16　肾盖铁线蕨

彩图 17　海金沙

图版Ⅱ　蕨类植物

彩图 18 垂柳

彩图 19 桑

彩图 20 构树

彩图 21 毛茛

彩图 22 芍药

彩图 23 翠雀

彩图 24 荷花玉兰

彩图 25 紫玉兰

彩图 26 含笑

彩图 27 樟树

彩图 28 肉桂

彩图 29 何首乌

图版Ⅲ 离瓣花亚纲-1

彩图 30　杠板归　　彩图 31　荞麦　　彩图 32　油菜

彩图 33　荠菜　　彩图 34　月季　　彩图 35　蛇莓

彩图 36　日本晚樱　　彩图 37　紫荆　　彩图 38　蚕豆

彩图 39　油桐　　彩图 40　木芙蓉　　彩图 41　芫荽

图版Ⅳ　离瓣花亚纲-2

彩图 42　泽珍珠菜

彩图 43　过路黄

彩图 44　鄂报春

彩图 45　杜鹃

彩图 46　迎春花

彩图 47　湖北梣

彩图 48　小叶女贞

彩图 49　夏枯草

彩图 50　宝盖草

彩图 51　紫苏

彩图 52　彩苏

彩图 53　薄荷

图版Ⅴ　合瓣花亚纲-1

彩图 54　白英

彩图 55　枸杞

彩图 56　碧冬茄

彩图 57　弹刀子菜

彩图 58　阿拉伯婆婆纳

彩图 59　金鱼草

彩图 60　金银花

彩图 61　接骨草

彩图 62　向日葵

彩图 63　蒲公英

彩图 64　野菊

彩图 65　鬼针草

图版Ⅵ　合瓣花亚纲-2

彩图 66　窄叶泽泻

彩图 67　慈姑

彩图 68　稗

彩图 69　燕麦

彩图 70　箬竹

彩图 71　半夏

图版Ⅶ　单子叶植物纲-1

彩图 72　海芋

彩图 73　魔芋

彩图 74　鸭跖草

彩图 75　郁金香

彩图 76　麦冬

彩图 77　春兰

图版Ⅷ　单子叶植物纲-2